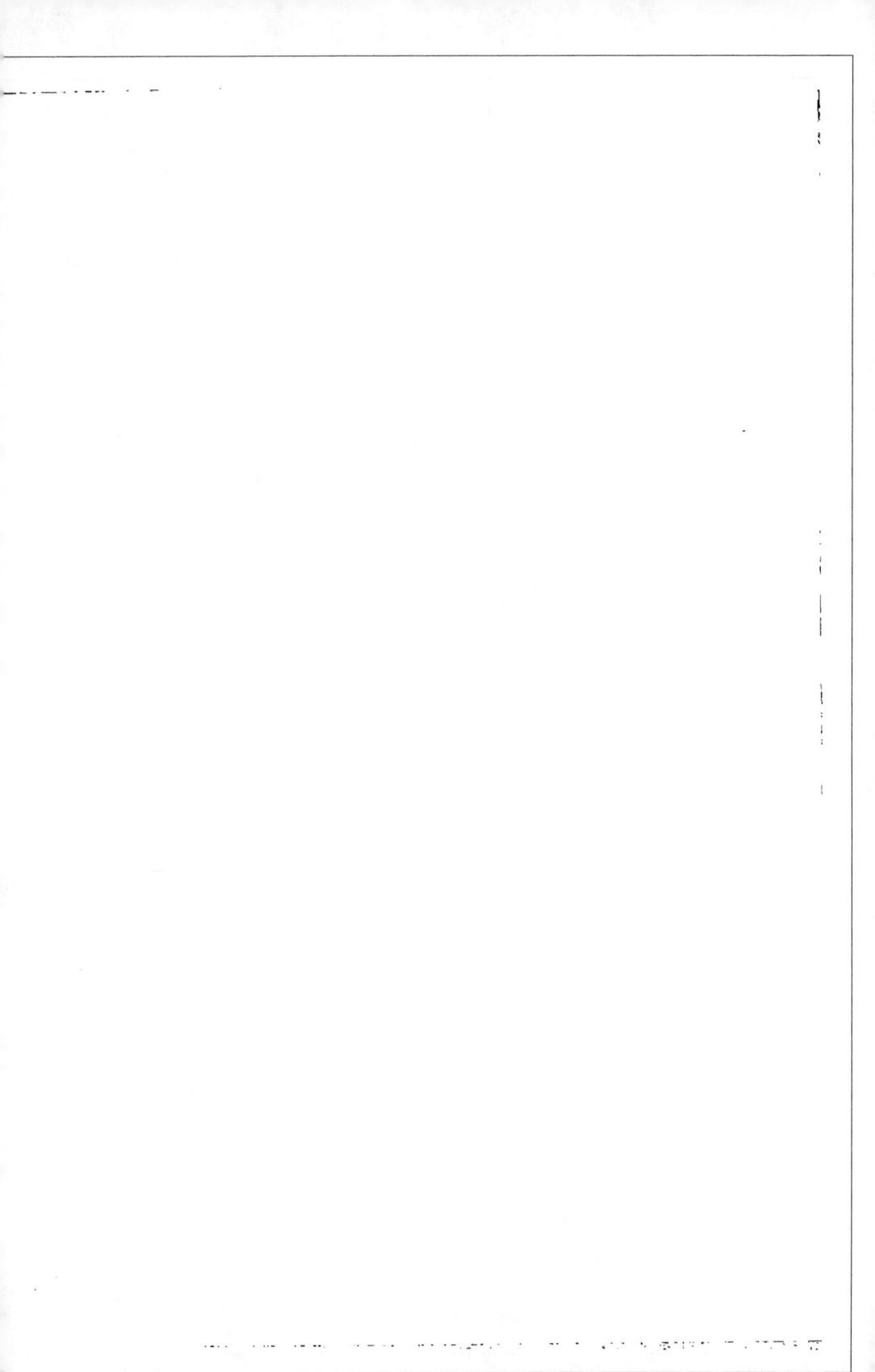

# HISTOIRE NATURELLE

### DES

# PAPILLONS

##### SUIVIE

### de la Chasse aux papillons et autres insectes

###### ET DE

### LA MANIÈRE DE LES CONSERVER EN COLLECTIONS INALTÉRABLES

###### PAR

## ALF. CONSTANT

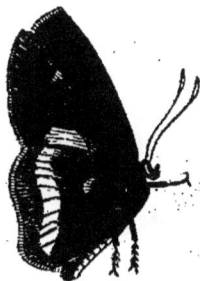

## PARIS

### DESLOGES, LIBRAIRE-ÉDITEUR

4, RUE CROIX-DES-PETITS-CHAMPS, 4

#### 1860

1

2

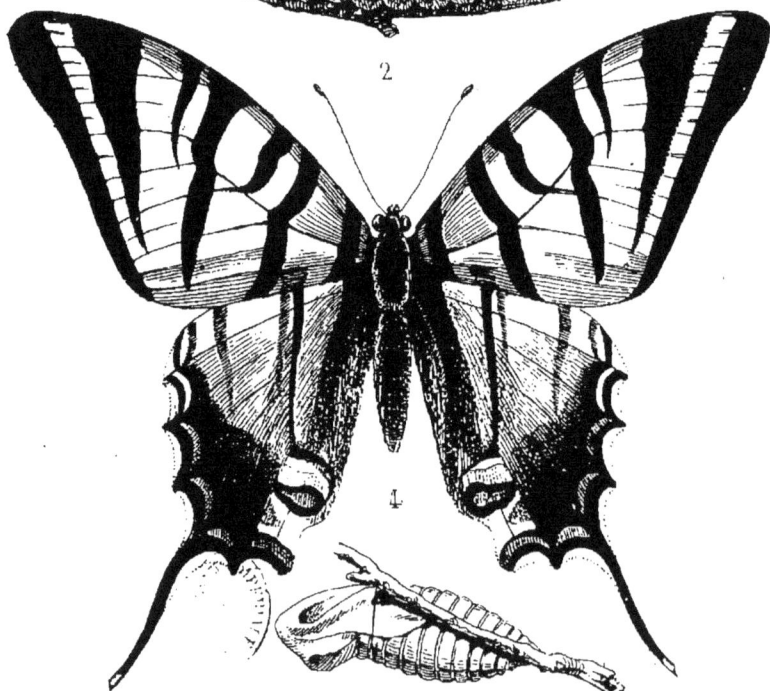

4

3

# HISTOIRE NATURELLE

DES

# PAPILLONS

SUIVIE

DE LA CHASSE AUX PAPILLONS ET AUTRES INSECTES.

C. D.

PARIS

DESLOGES, LIBRAIRE-ÉDITEUR

RUE CROIX DES-PETITS-CHAMPS, 4

—

1860

Paris. — Imp. de Pommeret et Moreau, 42, rue Vavin.

# AVANT-PROPOS.

———

Naître avec le printemps, mourir avec les roses,
Sur l'aile du zéphyr nager dans un ciel pur,
Balancé sur le sein des fleurs à peine écloses,
S'enivrer de parfum, de lumière et d'azur,
Sécouant, jeune encor, la poudre de ses ailes,
S'envoler comme un souffle aux voûtes éternelles
Voilà du papillon le destin enchanté.
Il ressemble au désir, qui jamais ne se pose,
Et sans se satisfaire, effleurant toute chose,
Retourne enfin au ciel chercher la volupté.
                                        DE LAMARTINE.

C'est sans doute par une belle matinée de printemps,
alors que les fleurs exhalent leurs parfums, que le rossignol remplit l'air des trésors de son mélodieux gosier,
que le zéphyr de sa tiède haleine fait balancer gracieuse-
ment sur leur tige les fleurs écloses de la veille, que na-
quit le papillon; car il faut à ce gracieux chef-d'œuvre
de la création de belles fleurs pour se reposer, un bril-
lant soleil pour promener sa course vagabonde par les
campagnes, un doux et tiède zéphyr pour étendre ses
ailes aux mille couleurs.

Il semble que la nature ait épuisé sur les ailes si fra-
giles de cet insecte toute la variété de ses dessins, toutes
les plus belles combinaisons de ses couleurs ; elle en fait
son œuvre chérie ; et, comme un bel enfant que sa beauté
fait gâter, elle l'a rendu capricieux et volage. Et pour
nous prouver la fragilité de la beauté et son peu de du-
rée, elle l'a fait vivre deux ou trois jours. Les mille
couleurs de sa gracieuse robe n'ont été qu'un duvet déli-
cat que le plus faible attouchement a flétri. Elle l'a fait
sortir d'une vilaine chenille à laquelle nous n'osons toucher ; elle l'a fait emprisonner dans les écailles d'une
chrysalide ; et quand il a brisé sa prison, quand il en est
sorti tout radieux, tout resplendissant, elle l'a fait vivre
un jour, quelquefois deux ! Et il ne pouvait vivre plus
longtemps que les roses ; comme aux roses il lui fallait
les tièdes brises du printemps, le chant du rossignol, un
ciel sans nuages ; il ne devait sortir de son étroite prison
que lorsque la nature l'aurait paré de sa plus belle robe,
par un de ses beaux jours de fête. Un être si joli, si léger,
si frêle, n'était pas fait pour supporter les tempêtes de
l'automne, ni les rigueurs de l'hiver.

# HISTOIRE NATURELLE

# PAPILLONS

———

Chacun des êtres qui peuplent l'univers portent un cachet particulier : l'un a reçu la force ou l'intelligence, l'autre l'agilité ou l'adresse; au papillon a été départie la beauté. La nature semble avoir épuisé ses dons pour embellir cet insecte : la vivacité, la surprenante variété de ses couleurs, la richesse de sa parure, l'élégance de ses formes, sa légèreté, son air animé, sa course vagabonde et volage, tout en lui charme et séduit.

Les lépidoptères, vulgairement nommés papillons, ont six pieds, quatre ailes membraneuses, couvertes de petites écailles colorées semblables à une poussière, une pièce cornée en forme d'épaulette rejetée en arrière et insérée en avant de chaque aile supérieure, les mâchoires remplacées par deux filets tubulaires, réunis et composant une espèce de langue roulée en spirale sur elle-même.

Lorsque l'on considère le papillon, quatre de ses parties paraissent mériter entre autres une attention toute particulière : les ailes, les antennes, la trompe et les yeux.

Les ailes, qui, comme nous l'avons dit, sont toujours au nombre de quatre, lui constituent un genre particulier parmi les insectes ailés, en ce qu'elles sont couvertes d'une espèce de poussière farineuse qui s'attache facilement aux doigts qui les touchent ; cette prétendue poussière, considérée au microscope, est un assemblage très-régulier de petites écailles colorées, taillées sur différents modèles, couchées et implantées sur une gaze solide et à rainures, quoique extrêmement légère. C'est la dureté et le poli de ces petites écailles qui les rendent si brillantes ; le dessus et le dessous des ailes en sont également couverts. Avec de grandes ailes légères, la plupart des papillons volent de mauvaise grâce ; ils vont toujours par zigzags, de haut en bas, de bas en haut, de gauche à droite, de droite à gauche, effet qui dépend de ce que leurs ailes ne frappent l'air que l'une après l'autre, et peut-être avec des forces alternativement inégales. Ce vol leur est très-avantageux, parce qu'il leur fait éviter les oiseaux qui les poursuivent ; car, comme le vol des oiseaux est en ligne droite, celui du papillon est continuellement hors de cette ligne.

Telle est la structure la plus ordinaire des ailes des papillons ; mais il y en a d'autres espèces que l'on a nommées *papillons à ailes d'oiseau*, parce qu'effectivement leurs ailes paraissent disposées comme celles des oiseaux ; ces ailes sont cependant recouvertes d'écailles taillées de manière à les faire ressembler à des plumes. Une autre espèce porte des ailes vitrées; ainsi nommée parce que, n'étant pas entièrement couvertes d'écailles, les parties qui en sont dégarnies paraissent autant de vitres ; enfin, la troisième espèce sont les ailes d'un petit papillon provenant d'une teigne, qui vit dans l'épaisseur des feuilles d'orme et de pommier ; ces ailes présentent au microscope tout ce qu'on peut imaginer de plus riche en or, en argent, en azur et en nacre.

Les papillons, comme la plupart des insectes, portent sur la tête des antennes ou appendices articulés, mobiles et filiformes, qui paraissent être chez eux les organes du toucher, et servent, suivant leurs différentes formes, à caractériser les classes dans lesquelles on les a rangés.

Le véritable instant de distinguer la structure de la trompe des papillons qui en sont pourvus, c'est lorsque le papillon ne fait que quitter sa chrysalide : sa trompe est encore étendue sur l'estomac; elle se dégage et se roule en spirale; mais dans le premier instant, les deux parties ne se dégagent pas toujours ensemble, et l'on aperçoit deux lames creusées en gouttière, qui forment par leur réunion la trompe du papillon; c'est l'organe qui seul fait les fonctions de la bouche et du nez.

Les yeux du papillon sont d'une structure admirable. Ils sont semi-sphériques et taillés à facettes comme un diamant, avec une précision dont l'art du lapidaire ne donne qu'une bien grossière idée ; ce sont ces facettes que l'on pense être destinées à suppléer à l'immobilité des yeux.

Les papillons, dit M. Audoin, sont, parmi les insectes, ce que les oiseaux-mouches et les colibris sont parmi les oiseaux. Avant de briller entre les plus gracieuses créatures de l'air, les papillons passent au sortir de l'œuf par des états fort différents ; et, par un contraste assez étrange, ils causent sous la première forme autant d'horreur qu'ils inspirent d'intérêt sous la dernière. Leurs larves sont des *chenilles ;* elles ont seize pattes, le corps partagé en douze anneaux, la tête enveloppée dans une sorte de casque de corne, et formée de deux gros yeux et de puissantes mandibules, avec des mâchoires propres à couper et à broyer ; mâchoires qui doivent s'oblitérer pour faciliter la succion dans l'état parfait. Ces larves se nourrissent pour la plupart de feuilles et de fruits.

Après avoir changé plusieurs fois de peau, les chenilles se préparent à passer à la forme aérienne par un sommeil léthargique, sous une forme intermédiaire. Pour ne pas demeurer, durant ce long repos, exposées sans défense à leurs ennemis, elles recherchent quelque abri, ou plusieurs se suspendent sans enveloppe par leur extrémité postérieure, en s'attachant par le milieu du corps, au moyen d'une ceinture de soie ; d'autres se filent des coques soyeuses, souvent environnées d'enduit impénétrable. Alors, se dépouillant d'une dernière peau qui était ce qui lui restait de la chenille, apparaît la *chrysalide* ou *nymphe*, vulgairement appelée *fève*, sans pattes apparentes, immobile et comme insensible.

Le papillon, selon son espèce, demeure plus ou moins de temps dans cet état d'engourdissement, où se prépare un changement total dont on peut déjà distinguer les formes rudimentaires, à travers l'enveloppe assez dure qui revêt la chrysalide; il en sort enfin, en brisant cette enveloppe; et, après avoir séché ses ailes en les étendant, on le voit s'élancer dans les airs, mû par un nouvel instinct qui résulte de nouveaux besoins.

Voici comment M. de Bomare décrit cette nouvelle phase de l'existence du papillon :

« Le nouveau papillon, sentant qu'il a acquis assez de force pour rompre ses fers, fait un puissant effort qui lui ouvre une seconde fois les portes de la vie ou plutôt de la lumière, qu'il va voir avec de nouveaux yeux. Tous ses organes deviennent plus sensibles et plus parfaits; ses ailes, qui d'abord ne paraissent pas ou sont si petites qu'on les prendrait volontiers pour celles d'un papillon manqué, sont encore couvertes de l'humidité du berceau ; mais aussitôt qu'ils sont à l'air et libres, les liqueurs qui circulent dans leurs canaux, s'élançant avec rapidité, les forcent à s'étendre et à se développer. Pour accélérer et donner plus de force à ce développement, le papillon, nouvellement éclos et impatient de voler, les agite de temps en temps et les fait frémir avec vitesse ; en même temps, tous ceux qui ont une trompe (car tous n'en ont pas), qui était étendue et allongée sous le fourreau de la chrysalide, la retirent et la roulent en spirale pour la loger dans le réduit qui lui est préparé. Si quelque cause, soit intérieure, soit extérieure, s'oppose à l'extension des ailes dans le temps qu'elles sont encore aussi flexibles que des membranes, la sécheresse qui les surprend dans cet état arrête la suite du développement; les ailes restent contrefaites, incapables de lui servir, et le pauvre animal se voit condamné à périr, faute de pouvoir aller chercher sa nourriture. »

C'est seulement alors que la métamorphose est accomplie et qu'il s'élance dans l'espace, que se fait sentir pour le papillon le besoin de la reproduction et qu'un sexe y cherche l'autre. L'éducation des vers à soie, qui sont des papillons, peut être proposée pour exemple dans l'observation des métamorphoses de toute la classe.

Le nombre des papillons connus est aujourd'hui immense. On recherche beaucoup ces brillants insectes dans les collections, où l'on doit avoir soin de ne pas les tenir exposés à une trop vive lumière, parce que leurs couleurs s'y affaiblissent ou même disparaissent. Pour les ranger méthodiquement, on les a divisés en trois grandes familles, qui, dans les ouvrages de Linné, furent simplement les trois genres : PAPILLON, SPHINX et BOMBYX. Ces trois genres, élevés au rang de familles, sont aujourd'hui appelés des DIURNES, des CRÉPUSCULAIRES et des NOCTURNES, désignations qui indiquent à quelles heures voltigent de préférence les espèces qu'on range dans chacune d'elles.

# FAMILLE PREMIÈRE.

## Les Diurnes.

Les *Diurnes*, ainsi appelés parce qu'ils volent de jour, se distinguent encore par leurs antennes à *masse*, à *bouton*, en forme de *massue* ou en forme de *corne de bélier*. Leurs chenilles ont seize pattes et leurs chrysalides sont rarement enveloppées dans une coque. Le plus ordinairement, elles sont nues, anguleuses et suspendues par l'extrémité postérieure. Ces espèces sont extrêmement nombreuses ; on les reconnaît aisément à leurs aigrettes globuleuses et à leurs ailes qui demeurent élégamment relevées pendant le repos.

Rien n'égale la magnificence et la splendeur ravissante qu'étalent à nos regards certains papillons des Indes et des pays chauds ; ni les oiseaux les plus somptueux, ni les fleurs les plus éclatantes, ni les coquillages enrichis d'or et de nacre, ne peuvent en approcher. Mille teintes se jouent sur leurs ailes avec des reflets inimitables et une profusion inouïe, qu'on ne se lasse point d'admirer. On en forme des cadres charmants, qui ornent les salons à l'égal des plus belles peintures. Quelques chenilles aussi, malgré le dédain qu'on leur témoigne, présentent des nuances vives et variées. Mais, sous son opulente parure, le papillon n'a qu'une existence éphémère; comme le plaisir folâtre dont il est l'image, il brille un instant devant nos yeux et nous échappe pour toujours.

---

## GENRE PAPILLON.

—

### LE PAPILLON MACHAON (*pl.* 1, *fig.* 1).

Le Machaon, l'un des plus grands lépidoptères que nous ayons en France, est d'ordinaire d'un jaune soufre très-brillant; ses antennes sont noires, revêtues d'une poussière jaune; ses ailes supérieures sont, à l'extrémité du bord extérieur, traversées par deux bandes noires, que séparent huit taches jaunes; celle qui est en dedans a un de ses bords ondulé. Trois taches noires d'inégale grandeur coupent leur bord supérieur; enfin elles ont à leur naissance une grande tache noire, semée de poussière jaune et terminée au tiers environ de l'aile, par une petite bande tout à fait noire. Les ailes inférieures sont moins bariolées de taches; le jaune y domine. Son bord extérieur est terminé par une bande noire, fond bleu, piquetée de six taches jaunes. On remarque deux taches rouges à l'extrémité de chacune des ailes, dont la partie extérieure présente sept pointes, dont l'une est fort allongée, et dont les intervalles sont très-échancrés. La femelle est en tout semblable au mâle, sauf la grosseur : elle est plus petite.

Ce papillon, qu'on trouve dans les champs de luzerne, les bois et les jardins, paraît depuis le commencement du mois de mai jusqu'à la mi-juin, et ensuite depuis la fin de juillet jusqu'en septembre.

La chenille (*pl.* 1, *fig.* 2) de ce beau papillon se trouve sur la carotte, le fenouil et l'aneth ; on la reconnaît facilement, ainsi que celle du papillon flambé, aux deux cornes molles d'un rouge orangé, ayant la forme d'un Y, placées entre la tête et le premier anneau du corps. Quoiqu'elle offre beaucoup de variété quant à la couleur, elle a toujours un caractère distinctif : chaque anneau est marqué transversalement d'une bande noire qui est toujours chargée de taches rondes, d'un fauve plus ou moins prononcé ; sa chrysalide (*pl.* 1, *fig.* 3) est nue comme toutes celles de cette classe, et suspendue horizontalement par un lien qu'elle s'attache vers le quatrième et le cinquième anneau.

### LE PAPILLON FLAMBÉ (*pl.* 1, *fig.* 4).

Ce papillon, l'un des plus beaux de son genre, a le dessus des ailes sillonné de bandes noires en forme de flammes, d'où lui vient sans doute la dénomination de *flambé.*

Le corps est d'un jaune pâle, traversé en long de bandes noires et tacheté de points veloutés, de même couleur. Les ailes supérieures sont terminées par une belle bordure noire ; les ailes inférieures sont échancrées et présentent six arcs liserés pareillement d'une double bande veloutée, et dont, au quatrième, le tissu des ailes se prolonge en une queue longue et mince.

Les antennes sont relevées, longues et très-noires.

Ce papillon paraît pour la première fois à la fin d'avril et dans le courant de mai, et pour la seconde en juillet et août.

---

## GENRE PIÉRIDE.

—

### PIÉRIDE DU CHOU (pl. 2, fig. 1).

Le corps de ce papillon est noir ; ses ailes, d'un blanc légèrement jaune, sont, à leur sommet, bordées d'une bande noire qui va toujours en se rétrécissant. La femelle ne se distingue du mâle que par trois taches noires, dont deux, placées l'une au-dessous de l'autre, sont presque circulaires ; la troisième, en forme de raie longitudinale, occupe le milieu du bord interne. Cette espèce est très-commune et se montre depuis le commencement du printemps jusqu'à la fin de l'automne.

Sa chenille (*pl.* 2, *fig.* 2) est bleuâtre et a, tout le long du dos, une rangée de poils qui prennent naissance au milieu de points tuberculeux, qui sont placés dans l'espace que forment trois raies longitudinales, de couleur jaune, qui s'étendent sur le dos.

### PIÉRIDE GAZÉE (*pl.* 2, *fig.* 3).

Les ailes de ce papillon sont très-arrondies et d'un blanc verdâtre, dont l'uniformité n'est interrompue que par des nervures noirâtres.

On les voit voltiger en grand nombre dans les prairies et les jardins pendant le printemps et l'été.

### PIÉRIDE AURORE (*pl.* 2, *fig.* 4).

Le dessus des ailes est moitié blanc, moitié aurore vers le sommet, qui est bordé de noir, mêlé de blanc au bord antérieur. Le dessous des ailes inférieures est marbré de vert; ces marbrures ressortent en dessus.

Les antennes de ce charmant papillon sont en forme de zones blanches et noires, terminées par un petit renflement jaune-paille.

Les femelles n'ont point de tache aurore, et le sommet de leurs premières ailes est un peu plus marqué de noir. Cette piéride aime les bois; elle ne se montre qu'une fois l'année, depuis la fin d'avril jusqu'à la mi-mai.

### PIÉRIDE AURORE DE PROVENCE (*pl.* 2, *fig.* 5).

Ce papillon ressemble au précédent, sauf que le jaune est substitué au blanc ; les antennes sont blanches, sauf l'extrémité de la massue qui est d'un jaune noisette ; le corps est de la même couleur que les ailes. Cette piéride se montre vers la fin d'avril et dans le courant du mois d'août ; elle fréquente très-communément les garigues de nos départements du midi.

## GENRE COLIADE.

—

### COLIADE CITRON (*pl.* 3, *fig.* 1).

Les antennes de ce papillon sont rougeâtres ; son corps est jaune ou d'un blanc qui tire sur le vert ; le dos est d'un noir douteux ; le corselet et la base de l'abdomen sont garnis de poils soyeux argentés. Les ailes sont d'un beau jaune citron. On remarque vers le milieu des ailes inférieures deux petits points d'un rouge clair, de forme sphérique.

Cette espèce, qui est très-commune, paraît depuis le commencement du printemps jusqu'à la fin de l'automne.

Pl. 2.

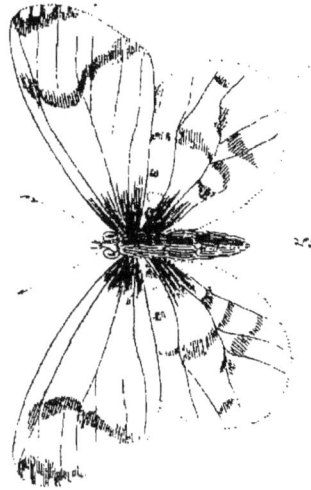

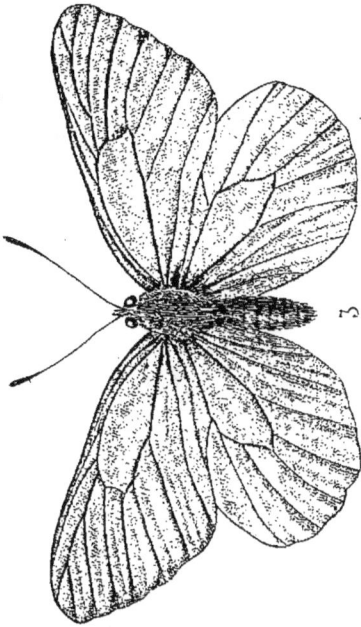

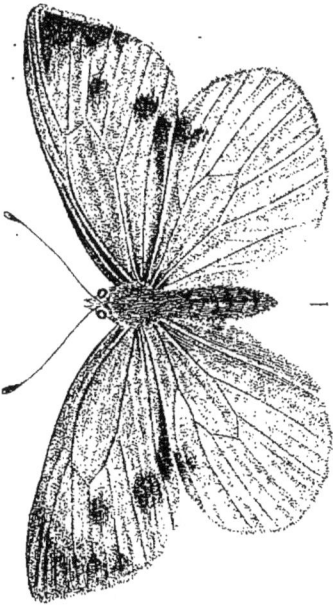

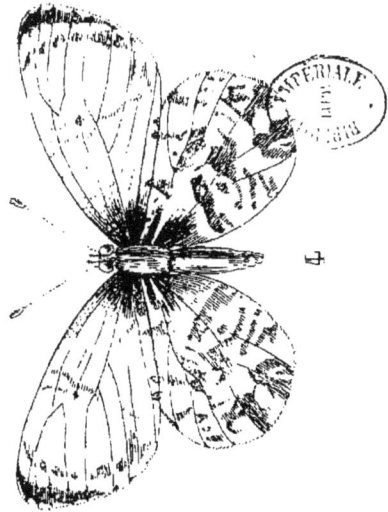

Pl.3.

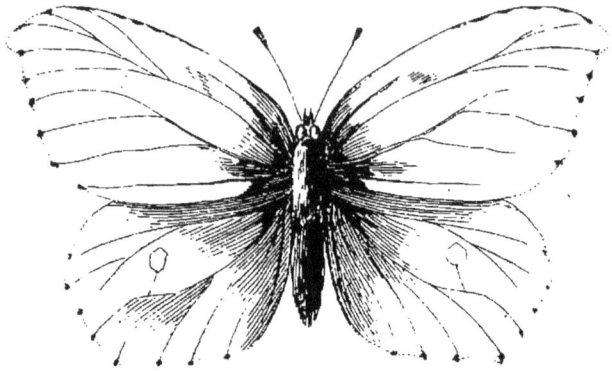

1

2

3

4

5

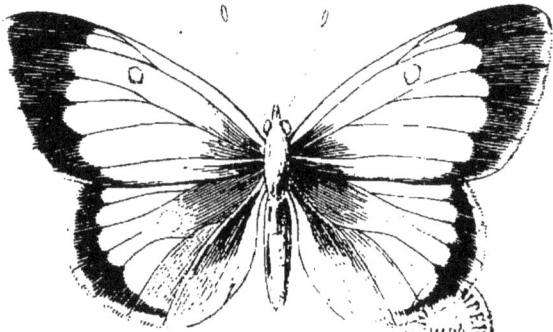

6

Pl.4

1

5

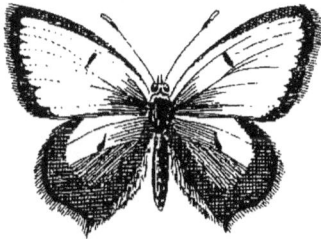

2

6

3

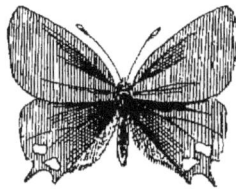

7

4

8

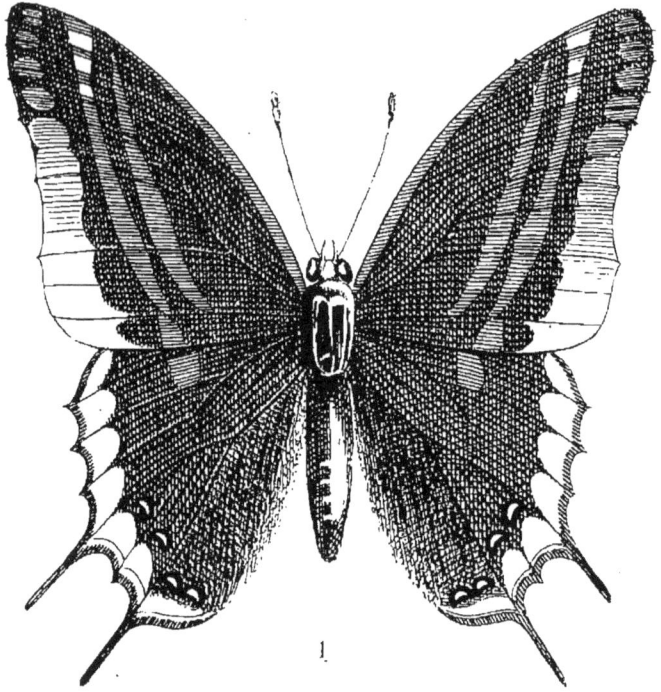

1

2

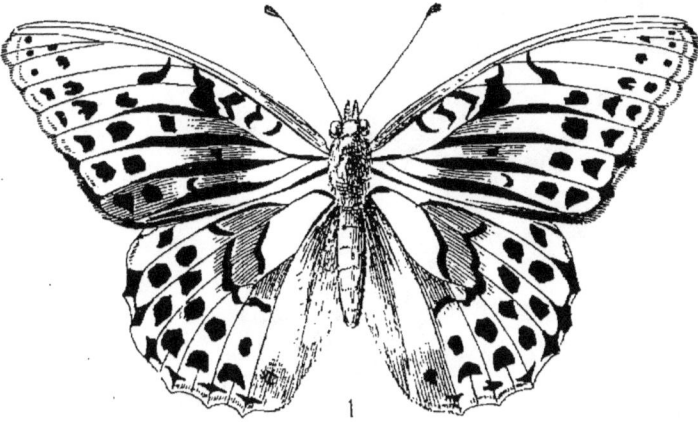

1

2

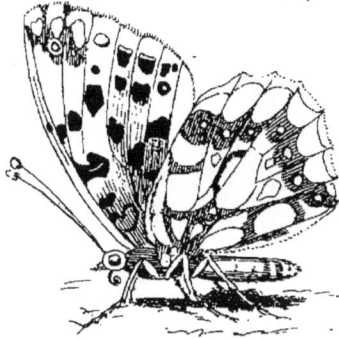

3

4

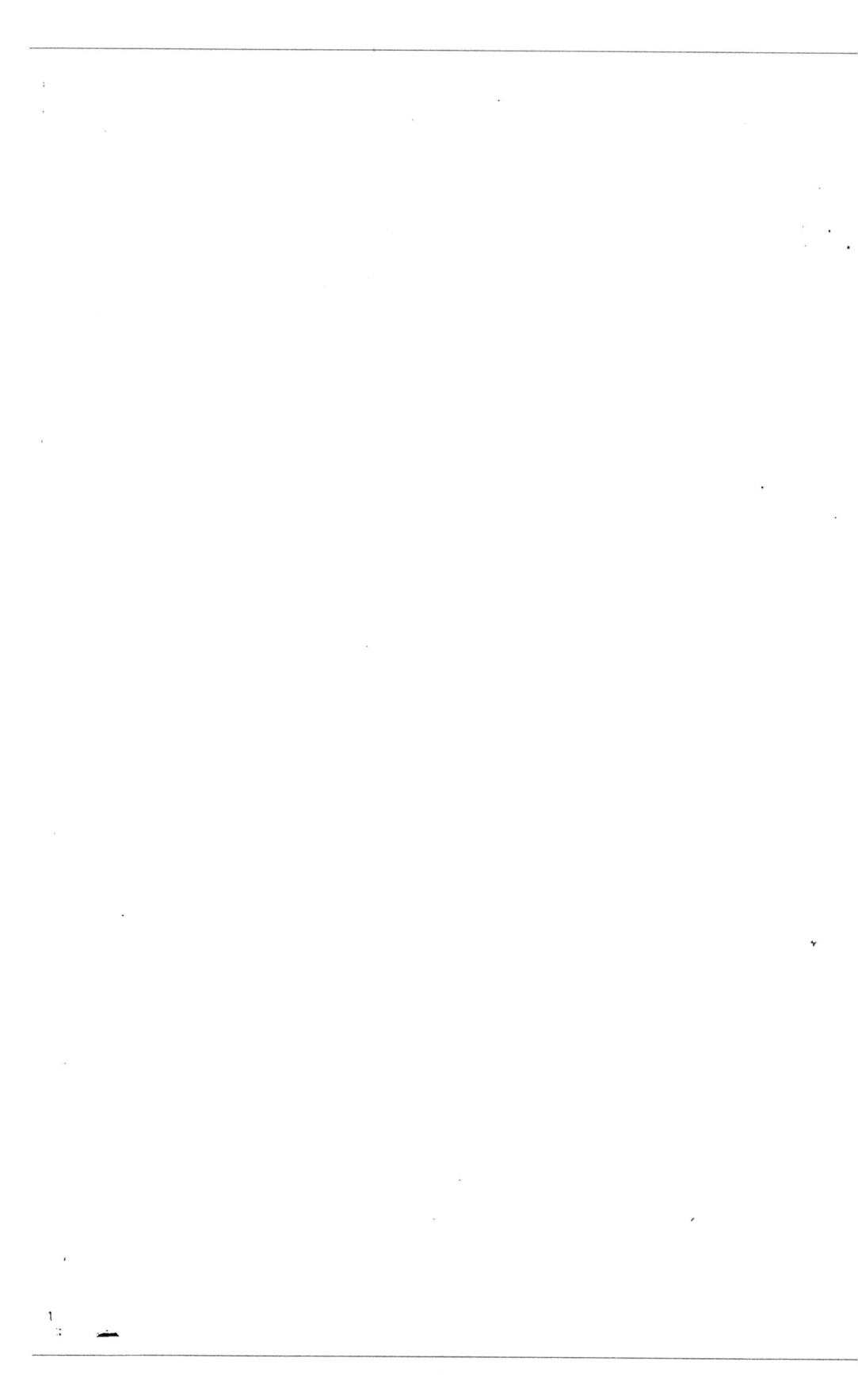

### COLIADE SOUCI (*pl.* 3, *fig.* 6).

Ce papillon a le dessus des ailes d'un jaune souci éclatant. Les supérieures sont tachetées, vers le milieu de leur bord d'en haut, d'un gros point noir foncé ; il existe à l'extrémité des unes et des autres une large bande noire, continuée dans le mâle, divisée dans la femelle par des taches jaunes. Le corps est jaune, la tête ferrugineuse et le dos noirâtre.

Cette espèce n'est pas rare ; on la voit pour la première fois en mars, et pour la seconde en juillet.

----

## GENRE POLYOMMATE.

—

### POLYOMMATE DU BOULEAU (*pl.* 3, *fig.* 2).

Ce papillon, qu'on rencontre depuis la fin de juillet jusqu'à la mi-septembre, à travers les bois et le long des haies, a les ailes supérieures et inférieures d'un brun foncé tirant sur le noir ; le milieu des inférieures est fauve. La femelle se distingue du mâle par quelques signes particuliers ; ainsi on remarque une bande fauve à l'extrémité des ailes supérieures qui, en dessous, sont d'un fauve jaunâtre, avec une ligne noire bordée de blanc ; deux autres lignes blanches partent de la côte et tendent à se réunir à leur extrémité inférieure ; les ailes

2

inférieuresressemblent, quant à la couleur, aux supérieures ; seulement elles sont traversées de deux lignes
blanches, etsont bordées d'une bande d'un roux très-pro-
noncé.

### POLYOMMATE ARION (*pl.* 3, *fig.* 3).

Les deux sexes ont les ailes d'un bleu violet à bordure
brune, avec sept à neuf points noirs.

Le dessous est cendré, semé de trois rangées de points
noirs à contours blanchâtres. La base des ailes inférieures est d'un bleu verdâtre.

Ce papillon paraît en juillet aux environs de Paris.

### POLYOMMATE THERSAMON (*pl.* 3, *fig.* 4).

Le dessus des ailes du mâle est d'un fauve ponceau
tacheté de sept à huit points noirâtres ; le bord postérieur des premières ailes est liséré de noir. Les secondes
ont le bord interne obscur etprésentent à leur bord terminal une bande fauve enclavée entre deux rangs de points
noirs.

La femelle a les premières ailes d'un fauve jaunâtre,
et les secondes d'un fauve sombre, avec une bande
postérieure grisâtre.

Les quatre ailes sont ponctuées de noir.

Les ailes supérieures des deux sexes sont d'un jaune
roussâtre en dessous; les inférieures sont d'un gris cendré, semé d'un grand nombre de points noirs cerclés de

blanc. A l'extrémité de chacune des quatre ailes, il existe une bande fauve, chargée de deux séries de points noirs.

Ce papillon paraît en juillet dans les contrées méridionales de l'Orient.

### POLYOMMATE DU PRUNIER (*pl.* 3, *fig.* 5).

Cette espèce, qui a beaucoup de ressemblance avec la précédente, est aussi d'un brun noirâtre ; seulement les secondes ailes du mâle, et les quatre ailes de la femelle ont à leur extrémité une rangée de taches fauves. Le dessous est d'une couleur moins foncée, et a une frange fauve, offrant à son côté interne une série de points noirs qui, eux-mêmes, sont intérieurement bordés de blanc.

Ce papillon fréquente les bois.

### POLYOMMATE CHRYSÉIS (*pl.* 4, *fig.* 2).

Ce papillon a la surface des ailes d'un fauve ponceau vif, avec le pourtour noirâtre. On remarque au milieu de chaque aile deux points noirs. La femelle diffère du mâle en ce que les ailes supérieures sont d'un fauve prononcé, avec les bords et les pointes noirâtres ; les secondes ailes sont presque noires en dessus et traversées d'une ligne fauve. On rencontre ce papillon aux environs de Paris, dans le courant de juin et pendant le mois d'août.

### POLYOMMATE BALLUS (*pl.* 4, *fig.* 3).

Les deux sexes de ce papillon diffèrent essentiellement ; les ailes du mâle sont d'un brun qui tire sur le noir et ont une frange presque grise; il a deux petites taches fauves près de l'angle anal, tandis que les ailes supérieures de la femelle sont d'un jaune orange éclatant, et les inférieures, marquées d'une bande de la même couleur à leur sommet.

Cette espèce, qui se trouve en Espagne et en Portugal, se rencontre aussi aux environs d'Hières; il paraît dès les premiers jours de mars.

### POLYOMMATE DE LA VERGE D'OR (*pl. 4, fig. 5*).

Cette espèce est d'un fauve clair et tirant en dessus sur le jaune, avec des points noirs, derrière lesquels les ailes inférieures sont traversées d'une rangée de taches blanches. La femelle a le dessus des quatre ailes fauve et piqueté de noir.

Ce papillon paraît au printemps et vers le milieu de l'été.

### POLYOMMATE DE L'ACACIA (*pl. 4, fig. 7*).

Le corps de ce lépidoptère est brun; celui de la femelle se termine par une houppe de poils très-noirs; ses ailes sont d'un brun foncé très-brillant; les ailes inférieures sont, à leur extrémité, marquées de taches fauves, au nombre de deux chez le mâle, de quatre chez la femelle.

Il se montre en juin.

## GENRE HESPÉRIE.

—

### HESPÉRIE MIROIR (*pl. 4, fig, 1*) (1).

Le dessous des quatre ailes est d'un brun noirâtre, avec quelques taches jaunâtres au sommet des supérieures ; le dessous des premières ailes ressemble au dessus, sauf le bord terminal qui est longé d'une ligne jaune.

Le dessous des secondes ailes est d'un jaune roussâtre avec douze taches orbiculaires blanches, bordées de noir.

Le dessus du corps est noirâtre ; le dessous est blanchâtre, avec trois raies noires. Les antennes sont noires, annelées de blanc, avec la moitié de la massue fauve.

Les femelles diffèrent des mâles par un point jaune placé vers le milieu du bord antérieur des premières ailes.

On trouve ce papillon, en mai et juillet, dans les environs de Paris.

---

## GENRE NYMPHALE.

—

### NYMPHALE JASIUS (*pl. 5, fig. 1*).

Ce papillon, d'une beauté remarquable, est presque aussi grand que le *Machaon;* ses ailes sont d'un brun chatoyant excepté à leur extrémité, qui est bordée d'une

(1) C'est par erreur que ce papillon se trouve intercalé pl. 4.

frange fauve, dentelée et finement lisérée de noir. Les ailes inférieures sont très-échancrées, et se terminent en pointes d'un effet très-pittoresque. La base des quatre ailes est en dessous de couleur ferrugineuse; on y remarque des taches brunes, d'un dessin très-bizarre, et encadrées de blanc. Les paysans des rives du Bosphore lui ont donné le nom de pacha à deux queues.

Il donne deux fois par an : en juin et en septembre.

On le trouve dans presque tout le bassin de la Méditerranée.

### NYMPHALE GRAND MARS CHANGEANT (pl. 5, fig. 2).

Cette espèce est, sans contredit, l'une des plus belles qu'on trouve en Europe. A l'élégance des formes il joint la vivacité et la variété des couleurs. Le fond des ailes est d'un brun sombre ; mais ce brun, soumis à certains reflets de la lumière, devient tout à coup très-brillant, et prend diverses teintes, tantôt tirant sur le bleu, tantôt sur le violet. Les ailes supérieures sont semées de taches blanches, de grandeurs inégales, superposées à distances différentes. Au centre des ailes inférieures, il existe une bande blanche transversale, qu'entre-coupent des nervures ; près de l'angle du bas, on remarque un œil noir à prunelle violette, environné d'un cercle aurore. Des taches blanches et noires sont semées sur un fond marbré de brun, de fauve et de vert. Les ailes inférieures ressemblent aux supérieures; le même œil s'y rencontre, mais dans des proportions moindres, et sans être entouré de cercle orangé.

Le dessous des ailes supérieures est noirâtre, avec le bord terminal d'un gris pâle. Un grand œil, à prunelle bleue et à iris fauve, est placé vers l'angle postérieur.

Le dessous des ailes inférieures est cendré, relevé d'une bande blanche et accompagné d'un œil à sa partie inférieure.

La seule différence qui existe chez la femelle consiste en ce qu'elle n'est pas d'un aspect changeant.

Ce papillon se montre vers la mi-juin. Il se trouve principalement dans la profondeur des bois, dans les endroits où le feuillage est le plus intense et l'air le plus humide. Il est très-peu farouche; il suit les bestiaux, longe les rivières, dont il rase souvent les eaux. Il n'agite presque jamais les ailes, et se trouve communément en Alsace.

## GENRE ARGINNE.

### ARGINNE TABAC D'ESPAGNE (*pl.* 6, *fig.* 1).

La couleur de ses ailes, qui est identiquement la même que celle du tabac d'Espagne, a fait donner ce nom à cette espèce. Le dessus des ailes est tacheté de pointes noires, de formes et de grandeurs diverses. La sommité

des premières ailes est un peu glacée de vert en dessous ;
le dessus des secondes ailes a quatre bandes argentées,
dont la deuxième est divisée par l'empreinte de points
noirs, et est totalement glacé de vert.

On trouve ce papillon dans le mois de juillet. Toujours
sur le bord des eaux, on le voit voltiger sur les joncs en
fleurs, et folâtrer sur l'herbe des prairies.

Une variété femelle bien remarquable est connue sous
le nom d'*arginne valaisien*. Le dessus des ailes, au lieu
d'être fauve, est vert avec des taches blanches en face du
sommet des supérieures, et quelquefois aussi vers l'extrémité des ailes inférieures.

### ARGINNE GRAND NACRÉ (*pl.* 6, *fig.* 2).

Le dessus des ailes est d'un fauve très-brillant, et
présente un assemblage de nuances orange, gris-perle,
soufré, argenté, avec trois bandes noires transversales.
La bande antérieure occupe le milieu de la surface et
est en zigzag ; la suivante, formée de dix points à chaque
aile, est courbe aux inférieures ; la troisième couvre le
bord terminal ; elle est dentée à son côté interne, et
chargée de deux rangs de lambes fauves, dont les antérieures, moins distinctes, marquent quelquefois aux ailes
du devant. Ces mêmes ailes présentent en outre quatre
taches noires vers l'origine de leur bord intérieur. Le
dessous des premières ailes diffère de celles du dessus,
par le bord antérieur et le sommet, qui sont d'une cou-

leur plus claire. Le dessous des secondes ailes est aussi plus tendre et couvert de taches argentées. On trouve cette espèce dans le mois de juillet.

### ARGINNE PETIT NACRÉ (*pl*. 6, *fig*. 3).

Ce papillon a les ailes supérieures couleur jaune foncé, traversées de lignes noires et semées de taches, de dessins et de grandeurs différentes.

Les secondes ailes sont d'un jaune plus clair, et marquées d'une grande quantité de taches nacrées.

Le dessous des premières ailes diffère du dessus par l'extrémité, qui est ferrugineuse, avec sept ou huit points nacrés.

On voit ce papillon au printemps, et dans les mois d'août et de septembre.

## GENRE PARNASSIEN.

—

### PARNASSIEN PHŒBUS (*pl*. 6, *fig*. 4).

Les ailes de ce papillon sont d'un blanc teinté de jaune semé de trois taches noires.

Les extrémités des ailes antérieures sont parsemées d'atomes noirs sablés de rouge en dessus et en dessous.

Le dessus des secondes ailes est orné de quatre taches rouges bordées de noir.

Le corps est noir et garni de poils roussâtres ; les antennes sont blanches et la massue est noire.

On le trouve en juillet dans les prairies des Alpes et particulièrement aux environs du Mont-Blanc.

---

## GENRE VANESSE.

### VANESSE FAUVE (*pl. 4, fig. 4*) (1).

Ce papillon a le dessus des ailes d'un brun noirâtre, légèrement entrecoupé de jaune ; le reste de la surface est fauve, avec des taches noires, disposées sur les inférieures en trois lignes transverses, dont l'extérieure est chargée d'une série de croissants violâtres.

Les premières ailes ont, sur le bord supérieur, trois taches d'un jaune d'ocre, et vers le milieu du bord postérieur, deux points très-blancs, placés l'un au-dessous de l'autre.

Le dessous des quatre ailes est fauve, brun et noir, croisé par des nervures jaunâtres cendrées.

Les antennes sont d'un noir pâle.

Ce papillon paraît en avril et en juillet.

### VANESSE BRUNE (*pl. 4, fig. 8*) (2).

Le dessous des ailes est d'un brun noir, traversé par

(1, 2) C'est par erreur que ces papillons se trouvent intercalés pl. 4.

une bande blanche, et aux extrémités, par une ligne fauve souvent interrompue sur les premières ailes.

Le dessous des quatre ailes est fauve, brun, noir et jaune, croisé par des nervures de cette dernière couleur.

Le corps est noir en dessus, blanc en dessous, et annelé de gris.

Les antennes sont d'un noir pâle, et la massue ferrugineuse.

Ce papillon paraît en juillet aux environs de Paris.

### VANESSE BELLE-DAME (*pl.* 7, *fig.* 1).

Cette espèce a les antennes allongées, ne marche que sur quatre pattes, et porte les deux de devant croisées sur la poitrine en guise de palatine; sa chrysalide est nue et angulaire; la beauté de ses couleurs, blanc et jaune satiné, et l'élégance de ses formes lui ont fait donner le surnom de Belle-Dame. Le vol de ce papillon est lent; il aime les lieux fréquentés; on le voit le plus souvent sur les chemins, dans les jardins et dans les prairies; il s'éloigne peu du lieu où il est éclos. Il paraît en été; cependant il n'est pas rare de le voir encore dans les premiers jours d'automne. Bien qu'il soit un papillon de jour, il se retire très-tard dans sa demeure, et souvent on le rencontre dans l'obscurité, voltigeant au milieu des phalènes.

### VANESSE VULCAIN (*pl. 7, fig.* 2).

Le Vulcain a le dessus des ailes noir; les supérieures sont traversées vers le milieu par une bande couleur de feu, et semées, vers leur extrémité, de taches blanches; les inférieures sont bordées d'une frange rouge, avec une ligne de petits points noirs; leur extrémité est dentelée. Le dessous des ailes est marbré de diverses couleurs. Ce papillon, remarquable par la richesse de sa parure, est très-commun. On le rencontre dans l'Ancien et le Nouveau Monde. Il connaît peu le danger; il s'approche sans crainte du chasseur. Il chasse tous les autres papillons de l'endroit qu'il a choisi pour sa demeure, et combat ses adversaires avec intrépidité. Une singularité qu'il est bon de signaler, c'est que ce papillon est produit par des chenilles très-différentes. Telle est brune avec deux bandes jaunes, interrompues par des taches brunes et s'étendant le long des pattes; telle est vert pâle avec une bande pareille; une troisième est carmélite clair; une quatrième, gris ardoise.

### VANESSE PAON DU JOUR (*pl. 7, fig.* 3).

Les deux sexes ne présentent aucune différence. On ne connaît pas non plus de variété de cette espèce. Le dessus des ailes supérieures, inégalement dentelées à leur extrémité, ainsi que les inférieures, est d'un fauve rouge très-vif; elles sont traversées longitudinalement par un filet noir, qui les coupe en deux parties; sur la partie antérieure, on remarque un grand œil rougeâtre au milieu, entouré d'un cercle jaune, bordé à la partie supérieure d'une frange noire amincie ; à la partie inférieure existe une tache noire interrompue par une autre de couleur jaunâtre, en forme d'une dent de feston.

Les deux ailes inférieures ont aussi chacune une grande tache en forme d'œil rougeâtre, avec un cercle gris autour et semé de marques bleuâtres. Le dessous des ailes est d'une couleur foncée, tirant sur le noir. Ce papillon, qui est partout le même, a cela de commun avec le Vulcain qu'il s'établit le maître absolu du domaine qu'il a choisi pour ses excursions. Du reste, il ne parcourt qu'une enceinte très-circonscrite, et ne quitte qu'avec regret le lieu qui l'a vu naître. Malheur au papillon qui voudrait partager avec lui l'empire des lieux qu'il habite ; il lui livre un combat à mort et n'abandonne le champ de bataille qu'après lui avoir arraché la vie. Il habite les forêts, les jardins et les prairies. Il plane presque toujours ; le mouvement de ses ailes est mesuré ; il semble étudier et calculer sa marche.

On dirait, à la majesté de son vol, qu'il craint de ternir les riches couleurs dont la nature l'a doté.

### VANESSE GRANDE TORTUE (*pl.* 8, *fig.* 1).

Ce papillon est d'un fauve clair, mêlé de jaune cuivre ; ses ailes, échancrées à leur extrémité, sont sillonnées longitudinalement de nervures; le bord postérieur en est noir. Elles offrent deux rangées de lunules bleues, entre lesquelles il y a une double ligne d'un jaune obscur. Les ailes supérieures ont, sous la côte, trois bandes noires, séparées entre elles et de la bordure par du jaune ocre. Les inférieures présentent, sur le milieu du bord antérieur, une tache noire environnée de jaune en dehors.

Le vol de ce papillon, qu'on rencontre en juillet sur le saule, l'orme et le chêne, ainsi que sur plusieurs arbres fruitiers, est rapide. On le voit à travers les jardins et sur les promenades ; la présence de l'homme ne l'effraye pas. Il s'élève facilement dans l'air, en suivant une ligne presque droite.

### VANESSE PETITE TORTUE (*pl.* 8, *fig.* 2).

Cette espèce offre une analogie frappante avec la précédente. La seule différence qui se rencontre est que ses ailes ne sont point frangées, et que l'extrémité des supérieures est bordée d'une bande blanche, qui ne se remarque jamais dans la Grande Tortue. Ce papillon est sédentaire et se trouve depuis le commencement du printemps jusqu'à la fin de l'été.

### VANESSE GAMMA (*pl.* 8, *fig.* 3).

Ce papillon, qui s'appelle ainsi *gamma*, du nom d'une lettre de l'alphabet grec, a un G très-bien marqué qu'il porte au milieu des ailes inférieures ; sa couleur est fauve, plus prononcée chez le mâle que chez la femelle. Les premières ailes sont semées de huit taches noires ; les secondes n'en ont que trois qui occupent le milieu de la surface, en tirant vers le bord supérieur. Elles sont suivies d'une ligne transversale ferrugineuse dans le mâle, et noirâtre dans la femelle.

Ce papillon, qu'on trouve en grand nombre, paraît en juillet.

## GENRE SATYRE.

### SATYRE IDA (*pl. 4, fig. 6*) (1).

Les deux sexes sont fauves en dessus, avec la base et le pourtour des ailes d'un brun noirâtre. Les ailes supérieures ont vers le sommet un œil noir à double prunelle blanche.

Les ailes inférieures du mâle sont sans taches ; mais souvent elles offrent dans la femelle deux petits points blancs, situés vers la partie postérieure.

Le dessous des premières ailes est semblable au dessus, excepté les bords qui sont moins bruns, et l'extrémité qui est un peu blanche.

Le dessous des secondes ailes est gris obscur, et traversé de deux bandes blanchâtres.

(1) C'est par erreur que ce papillon se trouve intercalé planche 4.

Le dessus du corps est brun, et le dessous est gris. Les antennes sont annelées de blanc et de brun ; la massue est grêle.

On le trouve en juillet et août dans les départements méridionaux.

### SATYRE ARIANNE (*pl.* 9, *fig.* 1).

Les ailes de ce papillon sont d'un brun obscur ; les supérieures sont traversées à leur extrémité par un mince filet noir, au-dessous duquel est située une bande fauve, chargée à sa partie antérieure de deux yeux noirs, dont l'extérieur est très-petit, l'autre, assez gros et pourvu de deux orbes blancs ; les secondes ailes ont aussi une bande fauve, sur laquelle se dessinent trois à quatre yeux ; le dessous des ailes inférieures est généralement plus pâle que le dessus. Le dessus des inférieures est gris clair ; il a deux lignes brunes à la suite desquelles vient une rangée courbe de six yeux noirs, ayant tous une prunelle blanche, et deux iris jaunâtres qu'entoure un cercle presque noir.

### SATYRE SYLÈNE (*pl.* 9, *fig.* 2).

Le corps de ce papillon est grisâtre ; les ailes, d'un brun noir en dessus, ont, vers le bord postérieur, une bande blanche à l'extrémité supérieure de laquelle est une tache bleuâtre. Le dessous des supérieures diffère du dessus, en ce que l'œil de la bande a une prunelle d'un blanc bleuâtre, et en ce qu'il a deux taches blanches

Pl. 7.

1

2

5

Pl 8.

1

2

3

Imp Lemercier Paris

Pl. 9

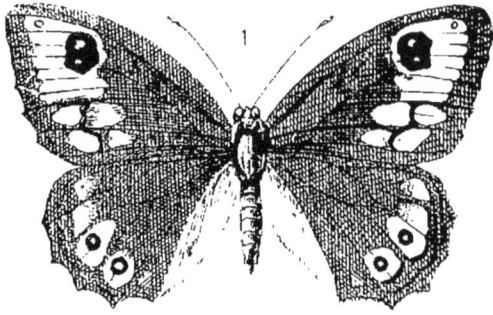

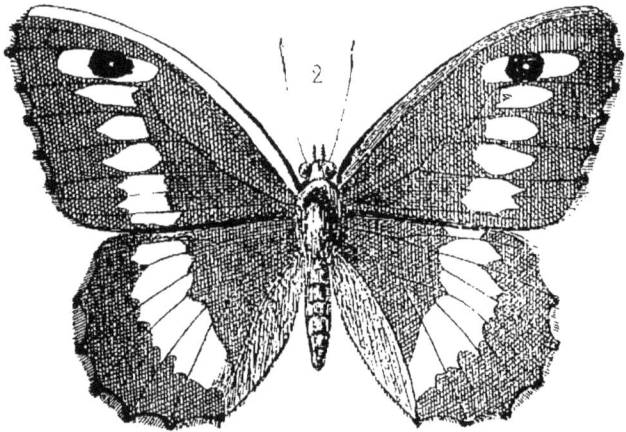

situées près du milieu du bord supérieur ; les inférieures, d'un brun obscur en dessous, sont piquées de gris avec deux bandes transverses.

Cette espèce fréquente les lieux pierreux et les bois secs. Elle donne en juillet.

### SATYRE ERMITE (*pl.* 9, *fig.* 3).

Cette espèce, qui se trouve aux environs de Paris, dans les mois de juillet et d'août, a les ailes d'un brun-foncé tirant sur le noir, et à reflet verdâtre ; elles sont traversées d'une bande d'un blanc sale ; la bande des secondes ailes offre une sorte de renflement vers le milieu ; celle des premières est divisée en six ou sept taches oblongues, dont la quatrième et l'antérieure portent chacune un œil noir à prunelle d'un blanc bleuâtre. L'extrémité des premières ailes est bordée de blanc ; le dessous de ces mêmes ailes est moins foncé que le dessus ; le dessous des inférieures est cendré à la base, avec deux taches noirâtres dans le mâle, signes qui ne se rencontrent pas dans la femelle.

### SATYRE DEMI-DEUIL (*pl.* 10, *fig.* 1).

Ce papillon, qu'on trouve très-communément au mois de juillet, a le dessus des ailes supérieures d'un blanc jaunâtre, avec des taches et une bande noires ; ces ailes, légèrement dentelées à leur extrémité, présentent à leur partie antérieure, quatre taches blanches, sur la plus

5

large desquelles on voit un œil sans prunelle ; les secondes
ailes sont dépourvues d'yeux vers leur extrémité, ou
bien elles en ont tantôt trois, tantôt cinq, presque imper-
ceptibles. Le dessous des ailes diffère du dessus par la
grandeur des taches et par leur forme qui est triangulaire.
Le dessous des inférieures est blanc et sillonné de nervures noires. Il offre aussi cinq petits yeux noirs à prunelle bleuâtre, avec un iris jaunâtre entouré d'atomes
noirs.

### SATYRE EPISTYGNE (*pl.* 10, *fig.* 2).

Ce papillon, qui paraît en mars, dans le nord de l'Ita-
lie et dans nos départements du Var et des Basses-Alpes,
a les ailes brunes à reflets violâtres. Les supérieures
ont ordinairement vers le milieu une tache jaunâtre, et
elles sont, à leur extrémité, bordées d'une bande jaune
ocre très-pâle, chargée de cinq à six yeux noirs à prunelle blanche. Les inférieures sont aussi terminées par
une bande semblable, mais de couleur fauve foncé, et
formée de cinq à six taches oblongues, ayant chacune
un petit œil noir à prunelle blanche. Le dessous des
ailes supérieures est ferrugineux, avec des nervures
brunes ; les bords sont grisâtres, et la bande du dessus
d'un roux fauve terne. Celui des inférieures est brun, avec
les nervures blanchâtres, traversé au delà du milieu par
une bande grisâtre, mêlée de brun et dentée sur son
bord interne.

### SATYRE CETO (*pl.* 10, *fig.* 3).

Cette espèce, qui se trouve en Suisse, est d'un brun noir chatoyant. Les ailes ont, en dessus comme en dessous, vers leur extrémité, une rangée de six taches rousses pourvues chacune d'un petit œil à prunelle blanche.

### SATYRE PASIPHAE (*pl.* 10, *fig.* 4).

Ce papillon, qui donne principalement dans le midi de la France, dans les mois de juillet et d'août, a toutes les ailes de couleur fauve en dessus, et le pourtour d'un brun foncé. Les ailes supérieures ont, vers le milieu, une bande couleur orange, large dans le mâle, linéaire et plus claire dans la femelle, et pourvue à sa partie antérieure d'un œil noirâtre à double prunelle blanche. Les inférieures offrent, à leur bord postérieur, trois ou quatre petits yeux noirs à simple prunelle blanche.

Le dessous des premières ailes diffère du dessus, en ce que la base est beaucoup moins foncée, et le bord de derrière, entièrement longé par une ligne grise. Les ailes inférieures sont d'un brun noir en dessus, clair en dessous, et traversées au delà du milieu par une bande d'un jaune paille, suivie d'une rangée de cinq yeux, dont les deux extrêmes sont les plus petits.

# FAMILLE DEUXIÈME.

## Les Crépusculaires.

—

On a réuni collectivement sous le nom de *Sphinx*, les lépidoptères qui ne volent que le soir et le matin, pendant le crépuscule ou au demi-jour.

Ceux-ci n'ont point les ailes relevées comme les précédents, mais disposées obliquement en toit; leurs aigrettes sont renflées au milieu en forme de fuseau, terminées en pointe; leur vol est très-rapide et fait entendre une sorte de bourdonnement; leurs antennes sont prismatiques. Les couleurs de leurs ailes, pour n'être pas aussi brillantes que dans les *Diurnes*, n'en sont pas moins distribuées de la manière la plus élégante, et sont aussi vives en dessous qu'en dessus. Ils sucent les fleurs sans se poser, à l'aide d'une trompe très-longue.

On les nomme *sphinx* parce que leurs chenilles relèvent ordinairement la tête, imitant ainsi en petit les sphinx égyptiens tels qu'ils sont représentés par les peintres et les sculpteurs.

Ces chenilles à corps ras ont toujours seize pattes, et sont communément armées d'une corne sur la queue. Quand elles doivent se transformer, elles se laissent tomber à terre, se filent une coque mince de soie et demeurent ensevelies jusqu'au printemps suivant; elles passent quelquefois une année en chrysalide; ces chrysalides ne sont jamais anguleuses.

Parmi les *crépusculaires*, on distingue l'atropos, vulgairement appelé *tête-de-mort*, et le sphinx du laurier-rose.

---

## GENRE SPHINX.

—

### SPHINX TÊTE DE MORT (*pl. 11, fig. 1*).

Ce papillon, l'un des plus singuliers, et qui porte des caractères uniques, vient de l'espèce la plus grande de nos chenilles (*pl. 11, fig. 2*).

Lorsque cette chenille a acquis toute sa grandeur naturelle, elle a quatre pouces et demi de longueur. Sa couleur est d'un jaune citron, pointillé de noir sur certains anneaux; on observe sur son dos comme des espèces de chevrons. Cette chenille a cela de singulier qu'elle porte une corne à l'extrémité postérieure, contournée en sens contraire de celle des autres; cette corne est rougeâtre et toute chargée de petits grains graveleux, qui imitent assez bien une rocaille.

On trouve cette chenille principalement sur le jasmin quoiqu'elle s'accommode aussi de feuilles de fèves de marais et de celles de choux; c'est dans le mois d'août qu'il faut la chercher. Vers ce temps, elle se creuse un trou dans la terre; c'est là qu'elle se change en chrysalide de laquelle, au mois de septembre, sort le papillon à tête de mort. Ce papillon est très-grand; il a trois pouces de longueur de la tête à la queue; les ailes étendues ont cinq pouces de vol; son corps est extrêmement gros et aplati; ses antennes sont moins longues que le corselet et très-épaisses; elles sont noires d'un côté et blanches de l'autre; ses yeux sont gris, et la nuit, aussi brillants que l'œil du chat, ce qu'on explique en admettant qu'ils ont la propriété d'absorber de la lumière, ou fluide lumineux, et de la rendre ensuite dans l'obscurité.

Les ailes supérieures sont gris de fer, couvertes de points et d'ondes noires; les ailes inférieures, traversées par deux bandes noires qui ont les mêmes contours que le bord extérieur, sont de couleur jaune feuille morte.

Ce jaune, divisé par quelques traits noirs, forme sur son corselet une figure qui n'imite pas mal une tête de mort, ce qui lui en a fait donner le nom; à cette image funèbre peinte sur son corps, se joint encore une singularité unique dans ce papillon, le seul dans lequel on l'ait observé: il fait entendre un bruit fort aigu qui approche un peu du cri d'une souris, mais qui a quelque chose de plus plaintif et de plus lugubre.

Réaumur assure que ce bruit est occasionné par le frottement de la trompe, qui est courte et écailleuse, contre deux lames mobiles et très-dures entre lesquelles elle est logée.

D'autres naturalistes prétendent qu'il est produit par l'air, s'échappant avec force de dessous plusieurs petites écailles concaves placées entre les ailes et le corselet.

Quoi qu'il en soit, ce papillon donne de la trompette, et répand l'alarme dans les âmes superstitieuses, et pour peu qu'il se montre en plus grand nombre dans quelques-unes de ces années malheureuses où règnent des épidémies, les gens du peuple, en France, en Angleterre, en Égypte, à la Caroline et même en Chine, car il est presque cosmopolite, ne manquent pas de le regarder comme un vrai messager de mort et de le poursuivre à outrance.

Ce sphinx est surtout commun dans les lieux où l'on cultive la pomme de terre, le chanvre, et dans les buissons de jasmin, parce que sa chenille se plaît sur ces plantes.

Quelques espèces portent des yeux peints sur les ailes.

### SPHINX DU LAURIER-ROSE (*pl.* 11, *fig.* 3).

Ce papillon, qui est vert et rose, comme s'il tenait des

teintes du feuillage et de la fleur du bel arbuste qui nourrit sa chenille, se trouve dans le Piémont.

Plusieurs chenilles ont été trouvées, il y a quelques années, à la Glacière, près Paris.

Le corselet est d'un vert foncé avec un collier d'un gris lilas et une tache d'un gris verdâtre, mais plus clair sur les côtés. Le dessus de l'abdomen est vert ; les premier et troisième anneaux sont blancs. Le dessus des antennes est blanchâtre, le dessous, ferrugineux, la trompe, jaunâtre, les pattes, grises.

Les ailes présentent à l'origine du bord antérieur une tache blanchâtre, sur laquelle se trouve un gros point d'un vert olivâtre ; viennent au-dessous trois lignes blanchâtres ; qui, à leur partie inférieure, se confondent avec une bande rosée.

Derrière cette bande est un espace violâtre, appuyé à son extrémité interne sur une ligne blanchâtre en zigzag.

Il existe vis-à-vis du sommet deux petites bandes blanches qui, en se rencontrant, forment un V.

Les secondes ailes sont noirâtres en dessus, ensuite verdâtres jusqu'au bord postérieur. Le bord interne est garni de poils grisâtres, et le bord postérieur est liséré de blanc.

Les quatre ailes sont verdâtres en dessous, avec une ligne blanche commençant au sommet des supérieures, et se terminant à l'angle anal des inférieures.

### SPHINX DE LA VIGNE (*pl.* 16, *fig.* 6).

Le dessus des premières ailes est d'un rouge pourpré, traversé de trois bandes vert olive clair, avec une tache blanche à la base. Le bord interne est garni de poils blancs.

Le dessus des secondes ailes est d'un rose foncé, avec la base noire et le bord terminal liséré de blanc.

Le dessous des quatre ailes est rose, et le milieu, jaune olivâtre.

Le corps est rose, avec deux bandes vert olive sur l'abdomen, et cinq de même couleur sur le corselet ; les côtés du ventre sont longées d'une double série de taches jaunes.

Les antennes sont blanches en dessus et brunes en dessous.

Il paraît en juin et septembre aux environs de Paris.

### SPHINX PETIT POURCEAU (*pl.* 16, *fig.* 7).

Le dessus des premières ailes est d'un rose plus ou moins foncé avec trois bandes transversales, dont les deux antérieures d'un vert olivâtre, et la postérieure jaunâtre.

Le dessus des secondes ailes est noirâtre au bord d'en haut, jaunâtre au milieu, rose à l'extrémité et entre-coupé de blanc au bord terminal.

Le dessus des quatre ailes est rose et le milieu traversé d'une bande jaunâtre ; la base des ailes supérieures est teinte de noir.

Le corps est rose foncé , avec les côtés du ventre couverts par deux lignes de points d'un blanc jaunâtre.

Les antennes sont blanches en dessus et brunes en dessous.

Ce papillon paraît aux environs de Paris en juin et août.

# FAMILLE TROISIÈME.

## Les Nocturnes.

—

Les papillons nocturnes ne volent que de nuit, ou au moins qu'après que le soleil est couché. Leurs ailes sont le plus souvent en toit, leurs aigrettes ou antennes, de forme conique allongée, quelquefois dentelées en manière de peignes.

Les chenilles de ces lépidoptères, ordinairement velues, ont dix à seize pattes, filent une coque de soie, et se transforment en chrysalides qui ne sont point anguleuses.

Il y a quelques mâles sans trompe et quelques femelles sans ailes.

Pendant le jour, ils se tiennent immobiles dans les endroits les plus obscurs et paraissent tellement aveuglés, qu'on peut les saisir sans qu'ils cherchent à s'envoler.

D'après la figure des antennes, nous diviserons cette famille en deux sections : les *filicornes* et les *séticornes*.

Les papillons nocturnes, qui ont des antennes à peu près d'égale grosseur dans toute leur étendue, tantôt dentées comme des scies, tantôt grenues comme un chapelet, appartiennent à la section des *filicornes*.

Telle est la famille nombreuse des Bombyx.

Les papillons qui ont les antennes déliées comme une soie, appartiennent à la section des *séticornes*.

Parmi ces lépidoptères, on distingue les Noctuelles, les Pyrales et les Phalènes,

---

## GENRE ÉCAILLE.

—

### ÉCAILLE MARTRE (*pl.* 12, *fig.* 1).

Cette espèce a les ailes d'un brun café en dessus avec des bandes sinueuses et blanches, dont les postérieures se croisent en X; on remarque au milieu de la côte deux taches blanches transversales qui se terminent en pointes.

Les ailes inférieures sont d'un rouge brique en dessus, avec six à sept taches bleues, bordées de noir et légèrement entourées de jaune. Le dessous des quatre ailes est plus pâle que le dessus; les bandes supérieures ont une teinte rougeâtre, principalement vers la base. Les taches des ailes inférieures sont entièrement d'un brun café.

Le corps est brun café avec un collier rouge ; l'abdomen est rouge brique, avec une ligne de cinq ou six taches noires sur le dos, et des bandes brunes transversales sur le ventre.

Ses antennes sont blanches, avec les barbes brunes.

Cette espèce est commune ; on la voit pour la première fois en juin, et pour la seconde en août. On la trouve principalement dans tout le nord de l'Europe et aux États-Unis d'Amérique.

### ÉCAILLE HÉRA (pl. 12, fig. 2).

Le dessus des ailes supérieures est d'un noir glacé de vert, avec deux traits serpentants et deux bandes obliques d'un jaune pâle : la bande postérieure représente un Y dont la base est marquée de trois à quatre points noirs inégaux ; la frange terminale est tachetée de jaune vers l'extrémité antérieure.

Le dessous de ces ailes est rouge depuis la base jusqu'au milieu, avec deux bandes semblables à celles du dessus et d'un jaune roux à l'extrémité et quatre taches blanches.

Le dessus des ailes inférieures est d'un rouge écarlate, avec la frange jaune et quatre taches noires.

Le dessous est d'un rouge pâle avec une tache noire.

Le corselet est noir vert avec deux lignes d'un jaune paille, l'abdomen en est d'un jaune rouge, avec quatre rangées de points noirs ; les antennes sont d'un brun noirâtre : elles sont filiformes chez les deux sexes. On trouve cette espèce aux environs de Paris en juin et en août.

### ÉCAILLE PREMIÈRE (*pl.* 12, *fig.* 3).

Le corps de ce papillon est noir ; il a une tache jaunâtre à l'origine de l'épaulette ; le dessus de l'abdomen est jaune et d'un rouge carmin vers son extrémité, avec une série longitudinale de points noirs.

Le fond des premières ailes est d'un noir foncé et velouté en dessus, parsemé de huit taches d'un blanc jaunâtre, d'un ou deux points de sa couleur.

Les ailes inférieures, sur lesquelles se trouvent cinq à sept taches noires, sont d'un jaune foncé en dessus.

Le dessous des quatre ailes diffère du dessus, en ce que les bords antérieurs sont cramoisis ; les antennes sont noires, picotées chez le mâle et filiformes chez la femelle.

Cette écaille est assez commune ; on la trouve au mois de juin dans toute la France, principalement dans les environs de Paris.

### ÉCAILLE HÉBÉ (*pl.* 12, *fig.* 4).

Ce papillon a le dessus des premières ailes d'un noir velouté, avec cinq bandes blanches qui se divisent transversalement ; la troisième est presque toujours plus étroite, les deux postérieures adhèrent par le milieu.

Ces bandes sont bordées de noir.

Les secondes ailes du mâle sont roses en dessus; la femelle les a d'un beau rouge carmin avec une bande transversale; les deux taches postérieures et la frange du bord se terminent en noir.

Chez le mâle, la bande ne descend pas au delà du disque, tandis qu'elle se prolonge jusqu'à la partie postérieure chez la femelle.

Le dessous des quatre ailes est différent du dessus en ce qu'il est moins foncé, et en ce que les bandes supérieures sont teintées de rouge, principalement vers la base.

Son corps est noir; il a deux colliers rouges et six bandes transverses également rouges sur les deux côtés de l'abdomen; il a les antennes noires et piquetées; celles de la femelle ont les barbes plus courtes.

Cette espèce est nombreuse et variée; on la trouve en France dans le mois de mai et de juin.

---

## GENRE BOMBYX.

—

Tous ces papillons manquent de trompe, ou en ont une si courte qu'ils n'en tirent aucun usage. Ils ne mangent qu'à l'état de chenilles.

### BOMBYX GRAND PAON (*pl.* 13, *fig.* 1).

Le Grand Paon est un de nos plus beaux papillons.

Ses ailes sont d'un gris brun, ayant l'extrémité d'un brun noirâtre et terminée par une large bordure d'un brun jaunâtre ; elles portent chacune un grand œil noir cerclé de blanc.

Ses yeux sont entourés de deux lignes obliques rougeâtres, dont la postérieure est très-anguleuse ; l'antérieure est en forme d'S.

La base supérieure des premières ailes présente un espace noirâtre, un rang transversal de deux ou trois arcs cramoisis et convexes en dehors, dont le supérieur embrasse dans la convexité un groupe d'atomes rosés et contigus à une petite tache noire, disposée longitudinalement sur la côte et près de la naissance de la ligne anguleuse.

Sa chenille, qu'on voit ordinairement sur l'orme, le rosier ou le pommier, est revêtue d'un uniforme vert avec des boutons bleus ou jaunes ; elle se file un gros cocon, à la pointe duquel elle s'est réservé une issue, qu'on ne peut forcer qu'en dedans.

Ce papillon paraît en mai.

### BOMBYX FEUILLE DE PEUPLIER (*pl.* 14, *fig.* 1).

Les deux sexes diffèrent peu. La couleur chez le mâle est seulement plus foncée.

Ses ailes sont d'un fauve jaune en dessus. Elles sont

Pl. 10

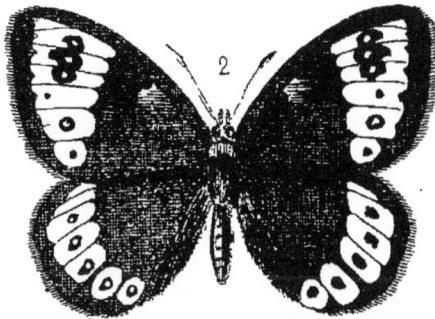

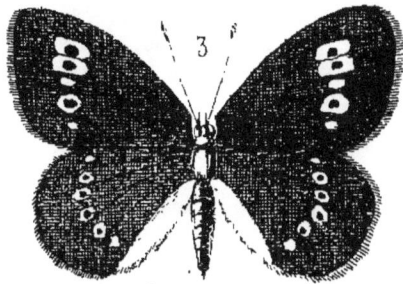

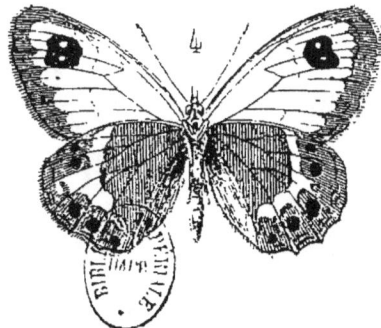

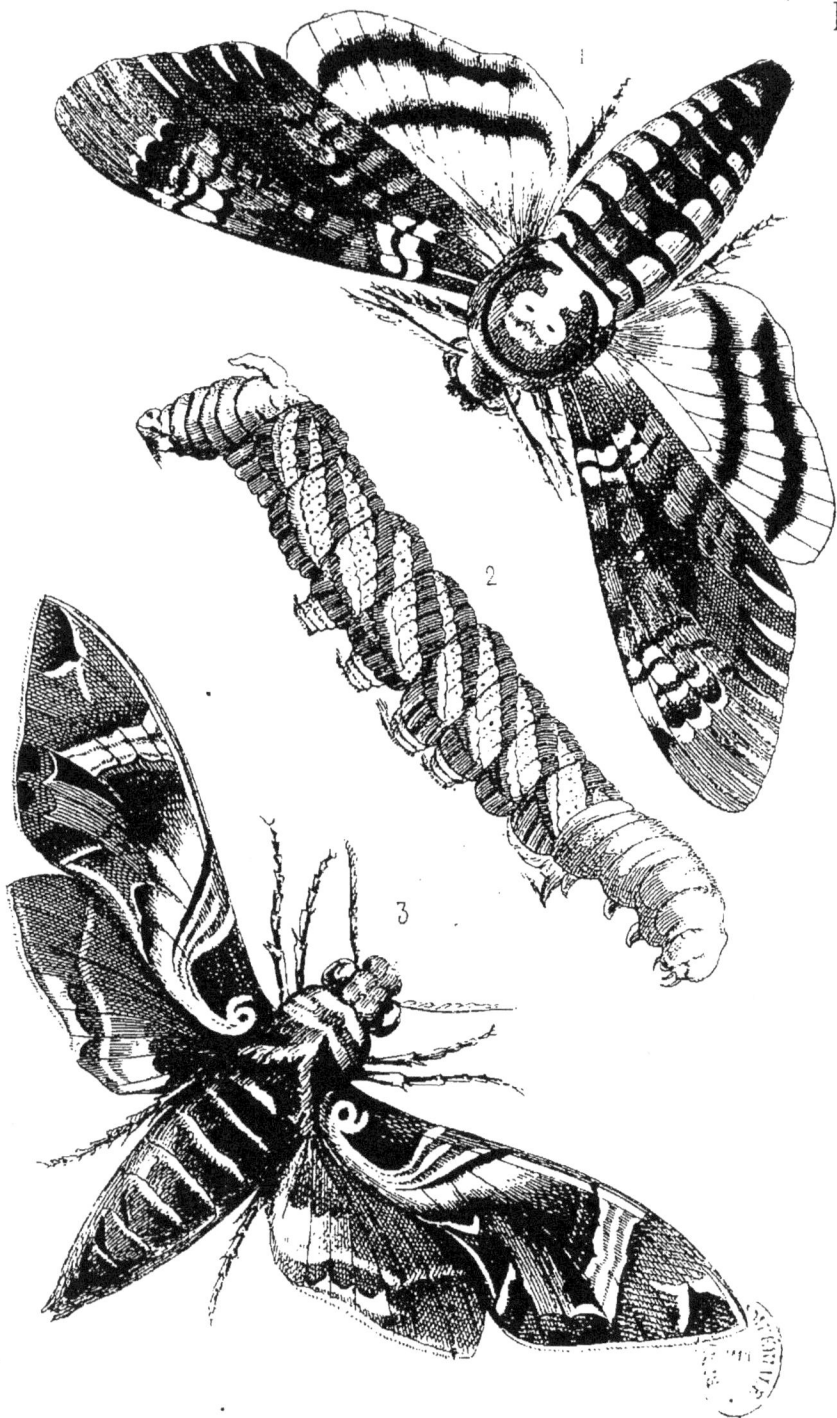

Pl.11

Pl.12

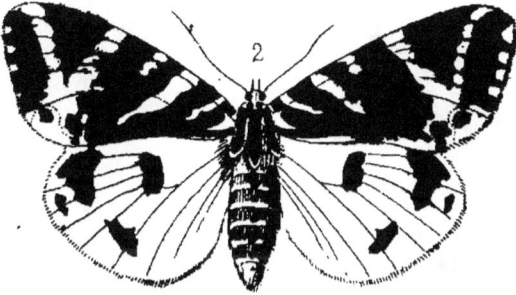

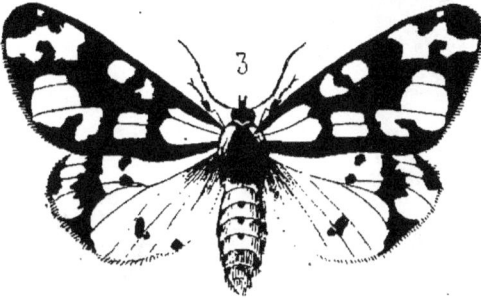

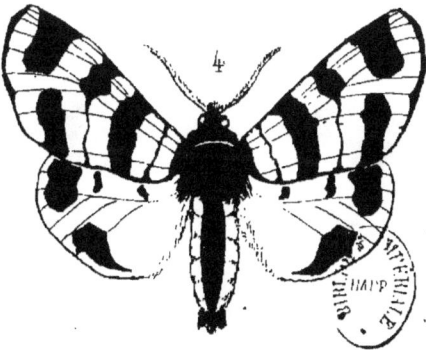

Pl. 13

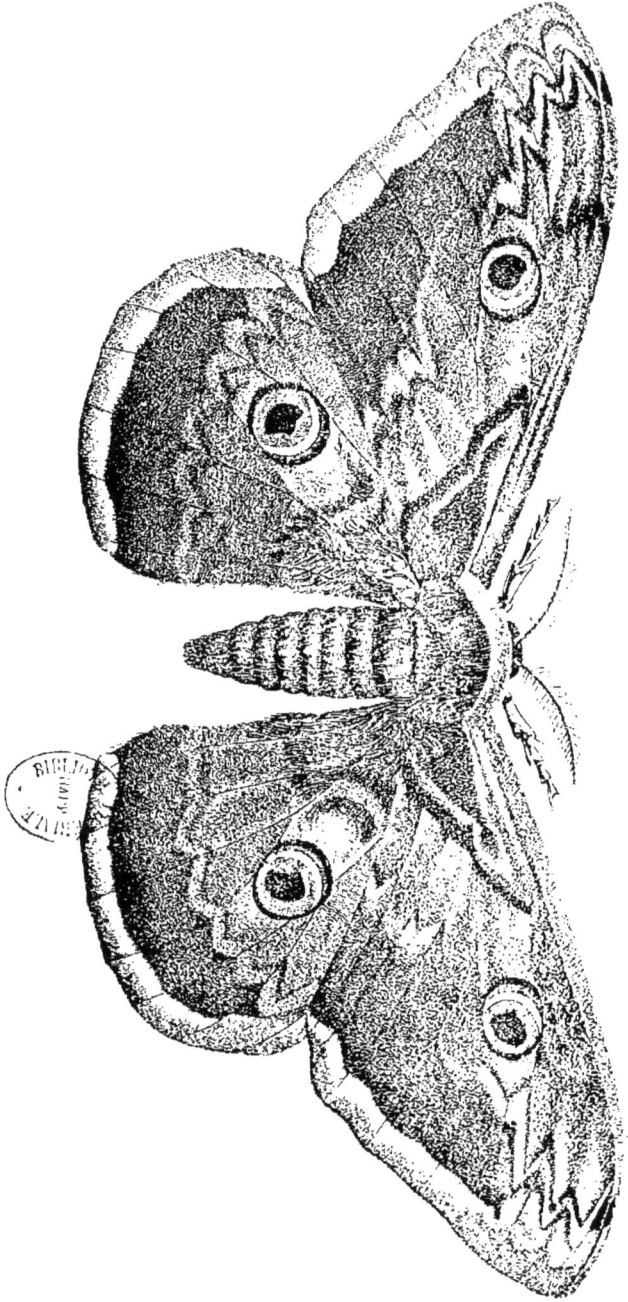

bordées d'une large bande gris violâtre avec trois lignes noires transverses. Le dessous est légèrement teint de violet et d'une couleur moins foncée. Le corselet est divisé longitudinalement par une ligne plus ou moins obscure; le corps est de la même couleur que les ailes.

Ce papillon donne au mois de juin.

### BOMBYX TAU (*pl.* 14, *fig.* 2).

Cette espèce est d'un jaune fauve en dessus, plus foncé chez le mâle que chez la femelle.

Chacune des quatre ailes est pourvue à son centre d'un œil bleuâtre et prunellisé de blanc; on remarque une ligne courbe noire qui les traverse vers leur extrémité.

Le dessous des ailes supérieures présente au sommet une tache blanchâtre presque en forme d'H.

Le corps, qui est de la même couleur que les ailes, a sept anneaux.

Le bombyx tau paraît dans les mois d'avril et de mai.

### BOMBYX DU CHÊNE (*pl.* 14, *fig.* 3).

Les quatre ailes du mâle sont ferrugineuses, traversées vers le milieu d'une bande arquée couleur jaune, mais plus foncée vers le bord, qui est bordé d'un liséré jaune. Cette bande est plus pâle en dessous, et quelquefois elle se confond avec la frange des secondes ailes; l'extrémité des ailes supérieures est parsemée de grisâtre et leur dessus porte vers le milieu un point blanc cerclé

4

de noir ; tout le corps est ferrugineux avec la tige des antennes jaunâtre.

La femelle est presque toujours jaune paille avec la bande plus claire, précédée sur les premières ailes d'un point blanc, autour duquel se trouve un cercle jaunâtre.

Le corps est de la couleur des ailes et les antennes ferrugineuses.

On trouve quelques femelles qui sont d'un jaune blanhâtre avec bande transverse à peine visible.

Ce papillon se trouve aux environs de Paris, vers juillet.

## BOMBYX BUVEUR (*pl.* 15, *fig.* 1).

Les quatre ailes de ce papillon sont jaune obscur en dessous. Les supérieures sont traversées d'une ligne ferrugineuse descendant obliquement du sommet vers le milieu du bord interne.

On remarque vers le milieu de la côte deux taches d'un blanc jaunâtre, dont l'antérieure, plus petite, manque quelquefois.

Les inférieures sont bordées d'une large bande ferrugineuse, qui s'étend tout le long du bord interne et du sommet.

Le corps est de la même couleur que les ailes. Le corselet est plus foncé. Les antennes sont d'un brun grisâtre.

Les couleurs de la femelle sont plus pâles. Cette espèce se rencontre dans les mois de juin et de juillet.

### BOMBYX DU MURIER, OU VER A SOIE.

La chenille du ver à soie a seize pattes, six écailleuses et dix membraneuses.

On voit beaucoup de rides derrière sa tête; il a une petite corne sur le dernier anneau placé à l'autre extrémité et deux réservoirs de soie qui s'unissent dans une seule filière, et dont la couleur approche du blanc sale à mesure qu'il grossit.

L'animal subit tantôt trois mues ou changements de peau, tantôt quatre qui durent environ trente-six heures.

Parvenu à son entier développement, il est long de trente-six à quarante-deux lignes; il prend une couleur claire, transparente, se vide de ses excréments, s'agite avec inquiétude et cherche un asile commode pour attacher son cocon.

L'éducation du ver à soie réclame des soins particuliers. Il doit être placé dans un local bien aéré où règne une douce chaleur.

Vers le mois d'avril, on fait éclore les œufs, qui sont d'un gris foncé, en les exposant sur des tablettes ou des rayons à jour, à une température graduellement élevée de 15 à 22 degrés, pendant dix à quatorze jours, temps suffisant pour les faire éclore. Une once d'œufs peut en contenir quarante mille.

On choisit les feuilles tendres et fraîches du mûrier blanc pour nourrir les jeunes vers.

Les trois dernières mues ont lieu de huit jours en huit jours et s'accompagnent d'une faim dévorante qu'on nomme *frèze* ou *briffe*.

La soie, telle que nous la connaissons, est d'abord préparée par le ver du bombyx dans deux petits vaisseaux situés du côté de la tête, le long du canal alimentaire ou de l'estomac. Ils aboutissent à la filière placée en dessous de la bouche.

Ce n'est alors qu'une sorte de vernis encore liquide; mais lorsque l'animal en applique une gouttelette sur un corps solide, ce vernis se tire en un fil qui se sèche à l'air.

C'est ce moment que la chenille choisit pour former son cocon. Elle monte ordinairement sur un rameau en arbuste et y fixe d'abord une sorte de bourre appelée *fleuret*, qui est la filoselle, puis elle travaille à son cocon; au bout de cinq à six jours, le fil dont elle le forme a plus de neuf cents pieds de longueur, quoiqu'il ne pèse que deux grains d'orge, de sorte qu'une livre de soie donnerait environ trois millions cinq cents pieds d'un seul fil, ou près de deux cent trente lieues d'étendue.

Cependant la chrysalide doit sortir en papillon, et, à cet effet, perce son enveloppe; cette sortie est évitée avec soin, parce qu'elle romprait nécessairement les fils de soie avant d'être dévidés. On fait périr les chrysalides au moyen de l'eau bouillante ou par la vapeur du camphre.

Les plus belles coques sont réservées pour obtenir des œufs.

Au bout de quinze jours à trois semaines, il naît des papillons; les mâles sortent les premiers; ils sont d'un blanc pâle, quelquefois d'un jaune de soufre, avec trois lignes brunes sur les ailes et une tache en croissant. On place ces insectes sur un tapis ou drap de laine, le mâle à côté de la femelle, afin qu'ils s'accouplent.

Pendant cette union, qui dure de dix à vingt heures, et se fait à plusieurs reprises, le mâle agité incessamment les ailes et meurt immédiatement après.

La ponte est de quatre à cinq cents œufs.

L'éducation des vers à soie est sans contredit la plus importante et la plus riche partie de notre industrie; aussi tout ce qui s'y rattache est-il accueilli avec intérêt.

Nous nous empressons donc d'indiquer un moyen trouvé par M. Bérard, professeur de chimie à Montpellier, en 1837, pour préserver cet insecte d'un fléau qui vient souvent détruire les plus belles espérances.

Ce fléau est la redoutable maladie connue sous le nom de *muscardine*.

Le procédé de M. Bérard est extrêmement simple. La *muscardine* se propage par la poussière ou efflorescence blanchâtre que l'on remarque sur les vers qui succombent à ce fléau. Cette poussière n'est autre chose que la graine d'une sorte de champignon qui naît, croit et végète dans le ver, et est cause de sa mort.

Voici comment M. Bérard a réussi à détruire le germe de ces graines et à préserver les vers à soie de la muscardine.

« Quelque temps avant de faire éclore ces insectes, préparez, suivant la grandeur des locaux, deux ou trois hectolitres d'une dissolution ainsi composée : 1° cent parties d'eau au poids ; 2° cinq parties de sulfate de cuivre, ou vitriol bleu (que l'on ne confonde pas le sulfate de cuivre avec le sulfate de fer, ou vitriol vert, dont les effets pourraient être dangereux) ; que tous les ustensiles dont on doit se servir dans les ménageries de ver à soie soient imbibés de cette dissolution, dont on aura soin aussi de peindre toutes les parois, même le sol et le plafond. »

Pour désinfecter la graine (ou œufs), il faut mettre dans une bouteille ordinaire une semblable dissolution de cuivre, y ajouter deux petits verres d'eau-de-vie, et y verser la graine (ou œufs), qu'on agite cinq ou six fois pendant une demi-journée. On jette le tout sur un linge fin pour séparer la graine qu'on aura soin d'exposer à l'air afin de la faire sécher, puis la faire éclore.

Comme les sporales ou graines de muscardine sont fort légères et qu'elles surnagent, tandis que les œufs du ver à soie se précipitent au fond de la bouteille, quelques personnes sont d'avis qu'avant de jeter sur le filtre la graine des vers, il est préférable de verser ou de décanter tout le liquide.

Le ver à soie est originaire de l'Inde.

C'est sous Justinien seulement que deux moines apportèrent des Indes ou de la Perse des œufs de vers à soie qui furent soignés par l'impératrice et les dames de la cour.

Ce fut en 1494, à la conquête de Naples par Charles VIII, qu'on apporta des vers à soie et des mûriers en France.

Ce fut Henri II qui porta, aux noces de son fils, les premiers bas de soie qui furent fabriqués dans son royaume.

## GENRE NOCTUELLE.

Les *Noctuelles* se distinguent par la forme de leurs ailes, qui, à l'état de repos, sont inclinées en manière de toit.

A l'entrée de la nuit ces papillons s'envolent et se cherchent pour s'accoupler. La plupart subissent leurs métamorphoses dans la terre.

### NOCTUELLE DU FRÊNE (*pl.* 15, *fig.* 2).

Les premières ailes sont d'un gris cendré en dessus. Elles sont sillonnées horizontalement de lignes dentées dont celle du milieu est bordée de jaune.

Les inférieures sont noires en dessus, éclaircies à leur base et traversées dans le milieu par une large bande de bleu clair. Leur extrémité est bordée de gris. Le sommet des quatre ailes est denté.

Le corps a sept anneaux marqués de noir, avec une tache jaune près du corselet, qui, tout gris, porte un double collier et a le pourtour des épaules noirâtre.

Ce papillon donne au mois d'août.

### NOCTUELLE MARIÉE (*pl.* 15, *fig.* 3).

La Noctuelle mariée a les ailes d'un gris cendré en dessus, sillonnées de lignes transverses.

Les ailes inférieures sont d'un beau rouge, traversé par deux bandes noires.

Le dessous des premières ailes est d'un noir chatoyant, avec trois lignes blanches.

Le dessous des secondes ailes présente du blanc vers la côte, surtout entre les deux bandes noires.

Les antennes sont grises, le corps cendré en dessus, blanchâtre en dessous.

On voit ce papillon au mois de juin.

### LES PHALÈNES.

Les Phalènes portent dans le repos les ailes étendues ou horizontales; leurs couleurs sont généralement sombres et grisâtres; la plupart proviennent des chenilles rases, dont l'allure est fort singulière; elles ont les pattes disposées aux extrémités du corps, de telle manière que

l'insecte ne peut marcher qu'en rapprochant considéra-
blement la queue de la tête ; en sorte qu'il semble mesu-
rer l'espace qu'il parcourt. Aussi a-t-on nommé ces chenilles arpenteuses ou géomètres.

### LES TEIGNES.

On reconnaît les Teignes à leurs ailes roulées autour
du corps, et à une sorte de toupet formé au devant de
leur tête. Il y en a de plusieurs espèces.

La Teigne de la cire, survenue dans les ruches, tapisse
de soie l'intérieur de sa galerie et la recrépit de soie en
dehors, pour éviter les coups d'aiguillon des abeilles.

La Mineuse, de forme plate, se glisse entre les deux
lames d'une feuille d'arbre, s'y fraie des routes étroites
en rongeant son tissu et s'y tient en sûreté.

Mais la plus pernicieuse de toutes est la Teigne des
grains, qui saccage les greniers de même que le charan-
çon. C'est un petit papillon moucheté de noir et de blanc,
dont la tête est toute blanche.

A côté des Teignes, on place les Alucites et les Ptéro-
phores, porte-plumes ou fissipennes. Ceux-ci se distinguent à leurs antennes excessivement allongées et à leurs
ailes brillantes ; ceux-là portent des ailes découpées
comme des plumes, d'où leur nom.

# CHASSE AUX PAPILLONS.

C'est au printemps, quand la nature entière se réveille, que les prairies se tapissent de fleurs, que les luzernes et les trèfles répandent leurs suaves émanations, que l'on voit paraître ces élégants diurnes, qui viennent mêler leurs couleurs chatoyantes à celles diaprées des fleurs.

C'est alors que l'amateur doit commencer ses excursions dans les campagnes, sur la lisière et sous les ombrages des bois, pour les continuer jusqu'aux premières gelées d'automne, car chaque mois, chaque quinzaine de l'année voit éclore les espèces qui lui sont propres, et qui ne paraissent ni plus tôt ni plus tard.

Le chasseur doit se munir des instruments nécessaires à ces expéditions.

Ces instruments consistent : 1° en filets pour s'en emparer; 2° en boîtes de différentes formes et différentes grandeurs; 3° en pelotes d'épingles pour les piquer dans le fond de ces boîtes.

Les filets dont il est utile de se munir sont faits ainsi qu'il suit :

1° *Filet* ou *chape à papillon,* appelé aussi *échiquier.* C'est une poche de gaz montée sur un cercle en fil de laiton de neuf pouces à un pied de diamètre, fixé au bout d'un manche léger et long d'un mètre. (*Pl.* 16, *fig.* 1.)

2° *Pince à filet en poche.* Ce filet est aussi en gaze très-fine, mais qui est fixée sur une pince longue de trois ou quatre pieds, et qui offre sur le précédent cet avantage, qu'une fois le papillon entré dedans, il ne peut plus en sortir.

3° *Pince à raquettes,* autre genre de filet. Ce sont deux espèces de raquettes dont les manches très-longs sont troués comme aux deux précédents, et fixés par un petit clou, de manière à ce qu'on puisse les rapprocher face à face comme on ferait de deux manches d'une paire de ciseaux. On s'en sert pour prendre les papillons au repos.

Les boîtes dont on se sert doivent être garnies de liége au fond, afin qu'on y puisse plus facilement piquer les papillons dont on a percé le corselet avec des épingles.

Il faut enfin être muni de trois pinces. (*Pl.* 16, *fig.* 2, 3.)

Certaines espèces de papillons ne sortent qu'à différentes heures de la journée.

Il en est qui commencent leurs courses vagabondes dès l'aube du jour ; d'autres qui ne se montrent que sur les deux heures ; d'autres qui ne prennent leurs ébats que quand le soleil est dans son plein.

C'est auprès des peupliers qu'il faut aller chercher les Mars changeants, et jamais ailleurs. Il en est de même de la plupart des espèces qui ne quittent jamais le lieu où ils ont vu pour la première fois la lumière du jour.

Quand le chasseur poursuit le papillon, il faut qu'il s'arrange de manière à ce que l'ombre que projette son corps et son filet soit toujours derrière lui; autrement elle effaroucherait le papillon, qui souvent s'éloignerait pour ne plus revenir; nous ne parlons que des papillons de jour.

Quant aux crépusculaires et aux nocturnes, il serait très-difficile de s'en emparer si l'on suivait la même méthode. C'est dans les lieux ombragés ou même obscurs, qu'on les doit aller chercher.

On les trouve ordinairement appliqués contre les murailles, les rochers et les vieilles écorces; ils sont dans une immobilité parfaite, ce qui donne la plus grande facilité pour s'en saisir.

On les couvre d'abord avec le filet pour rendre toute fuite impossible; on les pique ensuite.

Le Sphinx et quelques autres crépusculaires viennent à la nuit tombante voltiger dans les jardins, autour des fleurs d'onagre, des belles de nuit.

Il faut alors s'embusquer et les saisir rapidement avec le filet.

Si l'on veut prendre des phalènes pendant le jour, il faut avec un bâton battre les feuillages des buissons et

des haies les plus épaisses, où elles se tiennent cachées,
prêt à les saisir avec le filet quand elles s'en échapperont.

La nuit, il est facile de s'en emparer. On place un falot
ou une lanterne dans les lieux bas et découverts ; on en
recouvre la flamme avec un entonnoir en verre, et l'on
voit aussitôt une quantité innombrable de phalènes voltiger autour de la lumière qui les attire.

On peut encore au milieu d'un berceau de verdure
déposer une veilleuse allumée dans un verre, dont la
lumière est protégée par un entonnoir de verre, et le
lendemain le feuillage, le tronc des arbres, le sol même
sont couverts de papillons que la flamme y a attirés pendant la nuit.

Dès que le papillon est pris dans le filet, il faut le tuer
sur-le-champ pour empêcher qu'il ne se brise les ailes en
se débattant, ou qu'il ne se décolore.

Pour cela, on prend la poche par le milieu avec la main
gauche, tandis qu'avec la main droite, on force doucement
l'animal à gagner le fond ; avec le pouce et l'index, on
saisit son corselet dessous les ailes, en rapprochant l'un
de l'autre, et on presse avec la précaution de ne pas l'endommager jusqu'à ce qu'il soit mort.

Pour cette opération, il est bon de se servir de la pince
en fer dont nous avons parlé.

Lorsqu'il ne fait plus aucun mouvement, on le fait
tomber dans la main gauche en renversant le filet de la
main droite ; et, avec une épingle proportionnée à son

volume, on l'enfile au travers du corselet entre la tête et le corps, et on le pique sur le liége de la boîte.

Quelques espèces ont la vie très-dure, et cette précaution n'est pas suffisante pour les en priver sur-le-champ.

On emploie un autre moyen qui consiste à leur passer une épingle au travers de la poitrine au-dessous de l'intersection des ailes, afin de maintenir celles-ci en position et de les empêcher de se gâter en battant continuellement sur le liége de la boîte.

Pour les tuer rapidement et sans les endommager, voici un procédé indiqué par John Coakley Lettsom.

« Il faudra les attacher sur un bouchon de liége du côté qui doit faire face au fond d'un bocal de verre, dont on bouchera bien exactement l'orifice; on mettra dans le bocal un peu de soufre et on l'échauffera par degrés jusqu'à ce que la vapeur s'exhale.

« Dans ce moment, l'insecte perdra la vie sans que la beauté de ses couleurs soit endommagée. »

# CHASSE AUX CHENILLES.

Si l'on veut être certain d'avoir des papillons d'une grande fraîcheur, il faut élever soi-même des chenilles ; pour s'en procurer, on va les chercher sur les végétaux dont elles se nourrissent.

Les premières explorations auront lieu au mois d'avril.

A cette époque, le chasseur fera une battue dans les mille-feuilles, les orties, les plantains ; il y trouvera des écailles et des callimorphes.

Au milieu de mai, et même en juin, il fouillera le genêt à balais ; il y trouvera l'écaille pourprée, le grand et le petit minime, l'agathe, la chenille lichnée du chêne, du peuplier, du saule, et beaucoup d'autres espèces qui abondent sur ces arbres, ce qui, plus tard, produira des sujets du genre nymphale, le grand et le petit bombyx, le mars, le morio, etc.; sur l'épine, le chêne et la ronce, la chenille du bombyx petit paon ; sur le peuplier blanc et sur le frêne, la lichnée bleue.

En juillet, les sphinx tête de mort, que donnent les crépusculaires, se trouvent sur la pomme de terre et la mo-
reille; le laurier-thym et le lilas plaisent au sphinx du
troène; dans les feuillages du pied d'alouette et du chè-
vre-feuille, des haricots, du lizeron, du caille-lait jaune,
du tilleul et de la vigne, on trouve le sphinx à cornes de
bœuf, le livournien et la noctuelle incarnat.

Le chasseur qui aurait trop tardé à se mettre en cam-
pagne pour se procurer des chenilles, trouvera, vers la
fin du mois d'août, sous les parties saillantes des murs,
les cocons du bombyx grand paon; au pied des peupliers
et des tilleuls, les cocons des smerinthes du peuplier et
du tilleul; et dans les creux des vieux saules, les cocons
du sphinx demi-paon.

Le mois de septembre offre en abondance les chenilles
des nocturnes, surtout celles qui paraissent deux fois l'an,
telles que la petite-queue-fourchue, le bois-veiné, la
porcelaine, les hausse-queues, les noctuelles-volant-doré
et volant-argenté, les premières sur le peuplier et sur le
saule, les deux dernières sur l'ortie et sur la fétuque des
prés (chiendent flottant).

Pour se procurer des hespéries et des pyrales, on
fouille les feuilles roulées; sous les pierres et dans les
cavités des écorces, on trouve des chenilles de noctuelles
et de phalènes.

Les arbres, les buissons recèlent des milliers de
chenilles qui échappent à la vue la plus perçante; alors

Pl. 14

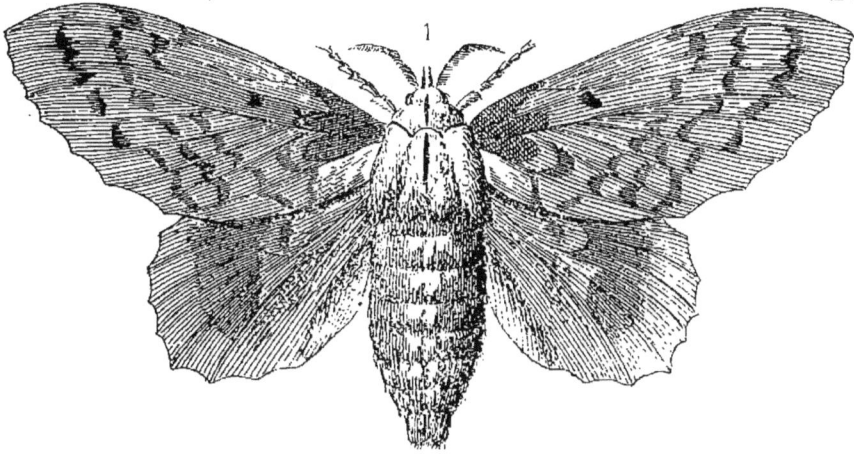

1

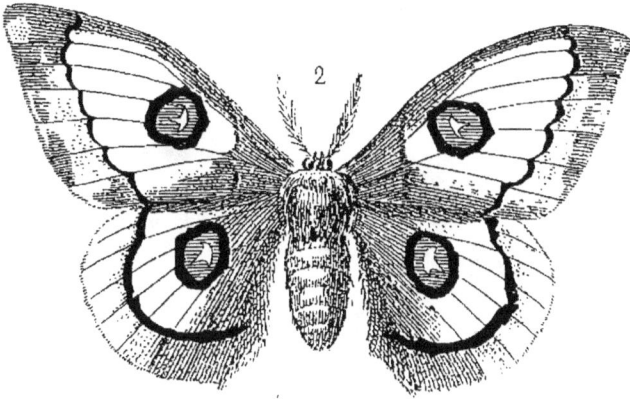

2

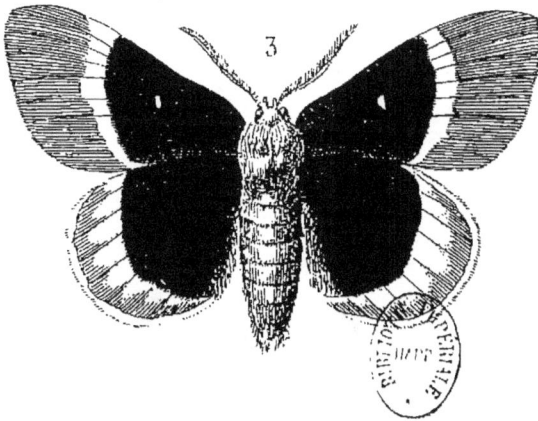

3

Pl.15

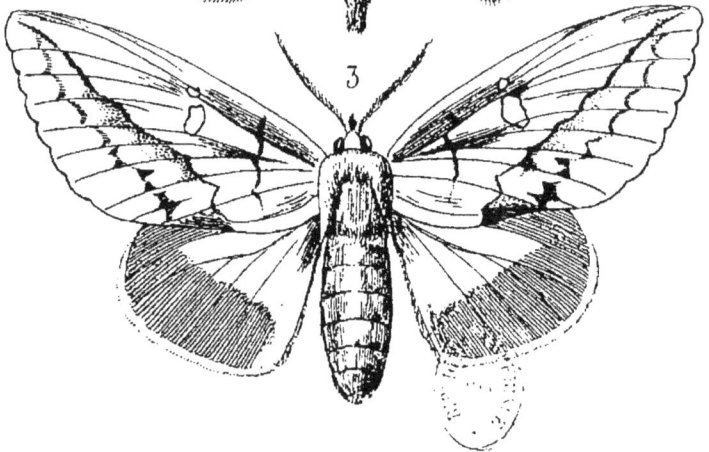

on étend au-dessous des arbres, à l'entour des buissons, un grand linge ou un parapluie renversé; puis l'on frappe les branches avec un bâton.

Le chasseur doit se munir d'une poche en toile claire et de forme pareille à la poche en gaze qui sert à la chasse aux papillons. Cette poche sert à faucher de droite à gauche dans l'herbe et dans les fleurs, afin d'avoir des polyommates, des satyres et des zygènes.

Il faut autant que possible ne pas laisser ensemble des chenilles d'espèces différentes, dans la crainte qu'elles ne se dévorent. Le chasseur doit donc par prudence avoir une boîte dont l'intérieur sera divisé en compartiments et aéré aux extrémités.

## LOGEMENT A DONNER AUX CHENILLES.

Pour celles qui filent leurs cocons en terre, on les met dans un pot rempli jusqu'à moitié de terre de bruyère et couvert d'une gaze retenue autour avec une ficelle.

Pour les bombyx, on a des boîtes dont le couvercle a autant de hauteur que de profondeur; le dessus ou une partie doit présenter une ouverture formée avec de la gaze pour laisser pénétrer l'air.

Pour les chenilles des diurnes, il faut des cornets de

papier ouverts, mais enfermés dans des boîtes avec quelques feuilles fraîches.

A dix ou douze jours de là, la chenille est devenue chrysalide ; alors on coupe les cornets par le bas, afin que le papillon n'éprouve pas d'obstacle à sa sortie, si elle devait s'effectuer par là.

Il ne faut pas déranger ni toucher les chrysalides avant qu'elles ne soient bien raffermies, et il faut aussi avoir soin de les tenir dans des endroits ni trop secs ni trop humides.

Celles qui changent de couleur ou qui deviennent légères après leur formation, ne valent souvent rien.

A la manière de se suspendre des chrysalides, le praticien reconnaît si elle renferme un diurne, nommé hexapode, c'est-à-dire marchant sur ses six pattes, ou bien un tétrapode, c'est-à-dire marchant sur quatre pattes, et portant les deux autres croisées sur la poitrine.

Les hexapodes s'attachent par le milieu du corps ou par la queue aux parois latérales de la boîte ou du cornet, de manière qu'ils ont la tête placée dans une position horizontale.

Les tétrapodes se suspendent au couvercle de la boîte, la tête en bas.

Dans cette position, il faut éviter de les toucher avant qu'elles ne soient bien raffermies.

On élève les chenilles avec le plus grand soin en les nourrissant du feuillage des plantes sur lesquelles on les a trouvées ; on renouvelle cette nourriture tous les jours de feuilles fraîches ; on peut en faire une provision que l'on renferme dans un vase sec et bien fermé.

Il faut aussi les entretenir dans un bon état de propreté en nettoyant leurs boîtes.

Il faut éviter de leur donner à manger des feuilles dont les branches auraient le pied trempé dans l'eau, nourriture qui leur donnerait des maladies dont elle mourraient.

# PRÉPARATION DES INSECTES.

## CONSERVATION DES PAPILLONS.

On est dans l'usage d'étaler les papillons, afin de leur faire conserver la forme qu'ils ont en volant ; si cet insecte est mort depuis quelque temps, il arrive qu'il dessèche dans une mauvaise attitude ; il faut alors le ramollir ; pour cela, on a dans un vase de la filasse ou du sable mouillé ; on le pique dessus sans cependant qu'il y touche, et l'on recouvre le tout d'une cloche de verre pour empêcher la circulation de l'air. Au bout de vingt-quatre heurés, ils sont ordinairement bons à étendre.

Voici la méthode employée par M. Boitard :

« On a une planchette de liége fin, dans laquelle on a creusé une rainure assez large et profonde pour recevoir le corps d'un papillon.

« On pique le papillon dans cette rainure avec le soin d'y enfoncer son corps jusqu'à la hauteur des ailes.

« On abaisse celles-ci horizontalement jusque sur la

surface du liége, et on les y maintient au moyen d'une petite bande de carte à jouer qu'on applique dessus, et qu'on fixe à ses deux extrémités avec des épingles.

« Lorsque l'animal est parfaitement desséché, on enlève les cartes ; on le retire de dessus le liége ; et, après lui avoir placé un peu de savon arsenical entre les pattes, et même dessous l'abdomen s'il l'a gros, on le pique dans la collection ; les antennes demandent à être traitées avec beaucoup de soin pour ne pas se rompre, surtout quand l'insecte est sec ; si elles ne prenaient pas naturellement une bonne position, on les y forcerait avec des épingles.

« Si l'on voulait préparer l'animal avec la trompe étendue, on la déroulerait et la maintiendrait aussi avec des épingles.

« Enfin , lorsqu'on possédera deux individus de la même espèce, il sera très-bien d'en placer un sur le ventre pour montrer le dessus des ailes, l'autre sur le dos pour en montrer le dessous.

« Les papillons se piquent tous sur le corselet. »

Quelques femelles de papillons, surtout dans la classe des crépusculaires et des nocturnes, ont le ventre très-gros, plein d'œufs ou de liqueurs.

Ces espèces ont l'air de se dessécher comme les autres ; mais peu de temps après les avoir placées dans la collection, le ventre fermente et bientôt tombe en pourriture.

On prévient cet accident, en fendant l'abdomen par dessous avec la pointe fine d'un scalpel, en enlevant les œufs et en faisant couler dans la fente, avec la pointe d'un pinceau, une ou deux gouttes d'essence de térébenthine ; mais il faut avoir soin que cette essence ne se répande pas sur les parties extérieures, car elle tacherait les écailles ou les poils.

Si l'on aperçoit de la poussière sous un papillon, c'est un indice qu'il est attaqué ; il faut alors l'exposer soit au soleil, soit à la chaleur d'un poêle, pour en faire sortir la larve.

---

## CONSERVATION DES CHENILLES.

1er MOYEN. — On prend la chenille que l'on veut préparer et on pratique avec un scalpel une mince ouverture à l'extrémité inférieure de l'abdomen ; on presse le corps dans toute sa longueur et l'on fait aisément sortir les viscères et les intestins.

A l'aide d'une très-petite seringue, on lui injecte dans le corps un mélange de cire colorée, fondue avec de la térébenthine, ou bien, au lieu d'injecter, on met un peu d'arsenic et d'alun calciné dans du coton, et l'on en remplit le corps de la chenille.

2e MOYEN. — On prend :

Esprit de vin,  375 grammes.
Eau distillée,  500   —

Sublimé corrosif, 5 grammes.
Alun calciné, 75 —

On jette dans ce mélange les chenilles, qu'on fait macérer pendant vingt-quatre heures; on les place ensuite dans des tubes de verre d'un diamètre plus large d'un tiers que l'épaisseur du corps des insectes.

On remplit un tube de la même liqueur à laquelle on ajoute un tiers d'eau, et l'on fait souder hermétiquement les tubes.

3° MOYEN (le plus usité). On prend un vase de tôle en forme d'entonnoir; on place ce vase dans de la cendre bien chaude, de manière à ce que le sommet de cette espèce de cône se trouve en bas et son ouverture en haut. Lorsqu'il est suffisamment échauffé, on vide la chenille, on introduit, dans l'ouverture qu'on a faite, le bout d'un verre ou d'un chalumeau de très-petit diamètre; on maintient le tube dans la peau en faisant un nœud avec un fil; ensuite on souffle par l'autre ouverture du tube, jusqu'à ce que la peau soit remplie d'air; en même temps, on introduit la chenille dans l'intérieur du vase de tôle et on l'y tient plongée en roulant le tube entre les doigts, et en continuant de souffler.

La chaleur, dégagée par les bords du vase, enlève bientôt toute l'humidité de la peau.

Lorsqu'on s'aperçoit que la chenille est assez desséchée pour que la peau conserve la forme qu'on lui a donnée en la soufflant, on retire le tube du corps et la chenille est préparée.

On la place dans une boîte ou un carton au moyen d'un peu de gomme; on la colle sur un morceau de liége.

---

## CONSERVATION DES COLÉOPTÈRES.

Les autres insectes, dits *coléoptères*, sont ceux dont on s'occupe le plus, à cause de la facilité avec laquelle on peut les conserver.

On en trouve partout, dans la terre, sur le bord de la mer et des rivières, dans les étangs, sous les pierres, dans es terres sablonneuses, dans l'herbe, sur les plantes, dans le creux des arbres et sous leurs écorces, sur le sommet des plus hautes montagnes, dans les vieux bois de charpente pourris, dans les lieux humides, enfin, dans les endroits les plus malpropres.

Pour quelques espèces, il est bon d'agir avec précaution pour les prendre, car il s'en trouve qui sont armées de mandibules pointues, avec lesquelles ils piquent ou mordent jusqu'au sang.

Tels sont les distiques, les staphylins.

Quelques amateurs mettent dans l'esprit de vin les insectes qu'ils prennent; mais ce moyen a l'inconvénient de ternir leurs couleurs ; aussi ne doit-on mettre dans la liqueur que ceux qui sont d'une couleur terne ; car il serait dommage de ternir les belles couleurs des buprestes, des carabiques, des cycliques, etc.

Il vaut mieux les piquer dans une boîte liégée ; le chasseur devra donc toujours en être muni, ainsi que d'un troubleau, d'une petite pince, et d'une certaine quantité d'épingles connues sous le nom d'épingles à insectes.

Tous les insectes se piquent sur l'élitre, à droite ; c'est un usage généralement adopté par tous les entomologistes.

Lorsqu'on les met dans la boîte, on doit avoir soin de les piquer bien solidement, et de manière à ce qu'ils ne se touchent pas.

Les coléoptères sont, de tous les insectes, ceux qui sont les plus faciles à préparer et à conserver.

S'ils sont secs, on les fait ramollir par le procédé que nous avons indiqué pour les papillons ; on les pique sur un liége ; et, avec des épingles, on leur étend et on leur maintient dans une bonne position les pattes et les antennes.

On les laisse ainsi sécher ; et avant de les placer dans la collection, on leur passe en dessous une légère couche de préservatif.

Les boîtes ou cadres dans lesquels on les place doivent être hermétiquement fermés.

Quelques gros insectes, qui ont l'abdomen très-épais, tels que les cérambyx, scarabées et autres, ne peuvent se conserver si on ne leur fait pas subir une préparation pareille à celles des gros papillons ; on remplit le vide avec du coton imbibé légèrement de térébenthine ou d'essence de serpolet, ou même de préservatif.

---

## MANIÈRE DE FIXER SUR LE PAPIER LE DUVET DES AILES DES PAPILLONS.

Cet ingénieux procédé a dû naturellement trouver place ici ; il offre aux amateurs de papillon le moyen d'avoir en portefeuille une collection portative et inaltérable.

Désire-t-on faire une collection en cahiers ou sur feuilles détachées propres à être encadrées ?

On commence par esquisser très-fidèlement à la mine de plomb le corps du papillon sur du fort vélin ou sur du papier de Hollande, qui sont des meilleurs pour cet usage ; si l'on a à sa disposition une presse, on fera bien de les satiner.

Après s'être bien rendu compte de la place que doivent occuper les ailes, afin de les poser convenablement sur le papier, on étend sur toute cette place avec un pinceau une eau de gomme arabique la plus blanche et la plus pure possible, dans laquelle on a fait fondre un peu de sucre clarifié; si cette préparation ne collait pas assez, il faudrait y mettre un peu plus de gomme ou y ajouter un peu de sucre candie.

Cette opération terminée, on détache tout près du corps, à l'aide de ciseaux et de petites pinces, dites brucelles, dont se servent les fleuristes, les ailes du papillon; on couche avec précaution les ailes supérieures et inférieures, selon la position qu'on a voulu leur donner.

Si l'on ne veut obtenir que les écailles qui parent le dessus du papillon, il faut coller les ailes supérieures d'abord, puis les inférieures; alors on recouvre le tout d'une feuille de papier fin, sur laquelle on en met deux à trois plus épaisses, puis l'on serre sous une presse; faute d'une presse, on charge d'un poids de douze à quinze livres.

Cette charge doit rester en place dix à douze heures, temps nécessaire pour que les écailles s'attachent au papier.

Si l'on ne veut obtenir que les écailles qui parent le dessous, on colle d'abord les ailes inférieures, après, les supérieures, sur la partie du papier qui a été couverte d'eau gommée; puis on presse, comme il est dit plus haut.

Si l'on veut obtenir les écailles du dessus et du dessous, on prépare une seconde feuille de papier semblable à la première ; on l'applique avec beaucoup de soin sur le papillon qui, ainsi, se trouve entre deux feuilles enduites d'encollage.

La pression est donnée comme nous venons de le dire ; cette double et dernière opération est plus sujette à manquer que les autres et réclame plus d'habileté.

La pression donnée, on enlève avec la pointe d'une aiguille ou d'un canif l'aile qui est alors nue, et ne se compose plus que d'une gaze transparente et sans couleur ; ensuite on la saisit délicatement avec la petite pince.

Si l'opération est bien faite, les écailles colorées des ailes restent fixées au papier et forment une peinture naturelle, qui offre le même éclat que le papillon vivant ; s'il s'y trouve quelques défauts, on les fait disparaître avec de la couleur fine, appliquée au petit pinceau.

Les papillons destinés à ce genre de préparation doivent être frais et sans défaut ; car la partie des ailes qui manquerait de poussière laisserait une tache blanche en laissant voir le papier.

Avec du goût, on pourrait raccorder, à l'aide d'un pinceau très-fin et de la couleur à la gouache, mais sans pouvoir jamais cependant atteindre le fini de la nature.

Il y a des praticiens qui n'opèrent que quinze à vingt jours après la mort du papillon, dans la crainte que la pression ne fasse répandre sur le papier la liqueur contenue dans les membranes; dans ce cas, on ramollit les sujets en les piquant sur de la filasse mouillée, dans un vase exactement fermé où on les laisse environ vingt-quatre heures.

On doit toujours employer une pression régulière pour enlever la parure des ailes : mais il faut surtout éviter la méthode employée par quelques personnes, qui consiste à frotter avec l'ongle ou un polissoir ; une telle opération a pour résultat d'écraser les écailles en les faisant évaser les unes sur les autres.

Si l'on réunit les insectes ainsi préparés en albums, on doit avoir soin de mettre un morceau de papier serpente entre chaque feuille, comme cela se pratique pour les beaux dessins.

Après ces diverses opérations, il ne reste plus que le corselet, le cou, la tête et les antennes à peindre, car ces cornes si déliées chez les uns, tournées en spirales chez les autres, droites ou panachées à leur extrémité, caractérisent l'individu et le placent dans la classe à laquelle il appartient.

La manière de peindre le corps est d'autant plus facile, que l'on n'a qu'à copier, ayant le corps sous les yeux ; pour cela, on emploie la couleur à l'aquarelle, qu'on applique sur l'esquisse précédemment faite.

Une des difficultés, lorsque l'on veut peindre le dessous du corps, c'est de copier les pattes, qui, contractées par la mort, sont venues se grouper sous le ventre, et deviennent par là difficiles à saisir ; on prévient cet inconvénient en les séparant avec des épingles.

Cette peinture à la gouache du corps du papillon ne sera qu'un jeu et un amusement pour la plupart de nos lecteurs et lectrices ; mais pour les personnes qui ne connaîtraient pas cette peinture ou qui ne voudraient pas s'en servir, nous croyons devoir indiquer deux autres moyens destinés à y suppléer.

1er MOYEN. — Vous ajoutez à de l'esprit de vin n° 1, une teinte de la couleur principale qui domine dans le papillon que vous voulez préparer ; par exemple, si c'est le *Coliade-Souci*, dont le dos est noirâtre, vous délayez dans l'esprit de vin une pointe de terre d'ombre.

Vous peignez de cette teinte toute la place que doit occuper sur votre épreuve, le corps de votre papillon, en ayant soin de ne pas toucher aux ailes.

Vous laissez sécher pendant quelques minutes.

Puis, à l'aide d'un autre petit pinceau que vous inclinez légèrement, vous prenez toute la poussière qui se trouve sur le corps de votre lépidoptère suffisamment ramolli, et vous l'appliquez sur le vernis teinté que vous venez d'étendre sur le corps de votre épreuve.

Vous obtenez ainsi en peu de temps une préparation complète.

Il faut avoir soin, pour appliquer la poussière dans ce cas, de se servir du pinceau comme si l'on avait dans les mains, une plume à écrire et que l'on voulût faire des points sur le papier.

Cette méthode, qu'on peut employer pour les lépidoptères dont le corps ne possède qu'une seule couleur, serait pour ainsi dire impraticable avec des papillons à nuance variée.

C'est pour ce motif que nous allons décrire le deuxième moyen qui nous a souvent bien réussi.

**2ᵉ MOYEN.** — Lorsque les ailes du papillon sont enlevées et transposées, on en prend le corps entre le pouce et l'index de la main gauche ; puis, de la main droite, avec un instrument fin et tranchant tels qu'un scalpel, un canif ou même des ciseaux à broder, on coupe le corps horizontalement, de manière à ne prendre que le quart de la grosseur de ce lépidoptère.

Après avoir enduit d'une légère couche de gomme la partie qu'on vient de couper, on l'applique avec précaution sur l'épreuve à l'endroit qui lui est réservée entre les deux ailes.

---

### CONTRE-APPLICATION.

La méthode d'impression, dont nous avons parlé plus haut, a pour résultat de présenter les écailles *retournées*, qui, chez la plupart des individus, sont tout à fait semblables à l'intérieur comme à l'extérieur.

Mais il existe un petit nombre de papillons, tels que certains diurnes et quelques phalènes, ayant des couleurs plus pâles, et chez lesquels cette méthode produit un tel effet qu'ils sont méconnaissables ; ainsi voulez-vous avoir à l'aide dudit procédé les écailles retournées d'un *adonis*, dont la couleur bleue est si jolie, vous n'obtenez qu'un papillon noirâtre, que l'œil le mieux exercé ne pourrait reconnaître.

Il est donc utile et nécessaire, pour conserver à ces papillons leur véritable couleur et pour reproduire réellement la partie supérieure des plumules ou écailles, d'avoir recours à un autre procédé que nous allons exposer.

Cette méthode assez délicate offre quelques difficultés dans l'exécution ; mais, avec un peu de patience et après quelques essais, on obtiendra un succès complet qui dédommagera amplement les amateurs de leurs peines.

Vous vous servez d'abord du procédé que nous avons indiqué plus haut, et lorsqu'après avoir exécuté les diverses opérations prescrites, vous avez une épreuve exacte, contenant toutes les plumules retournées d'un papillon, vous faites ce qui suit :

Appliquez sur ladite épreuve une feuille de papier à calquer ; et, au moyen d'un crayon de mine de plomb bien tendre, tracez dessus les contours du papillon.

Placez ensuite sur ce papier à calquer une feuille de vélin ou de hollande sur laquelle vous faites, soit à l'aide de chiffres ou de lettres, soit à l'aide de traits de crayon ou de toute autre manière, des points de repère, faciles

Pl.16

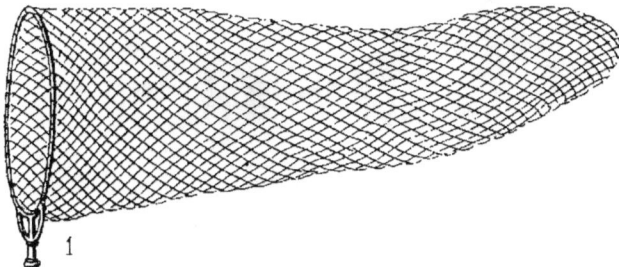

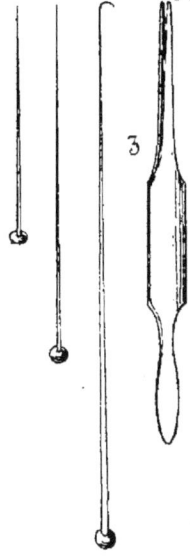

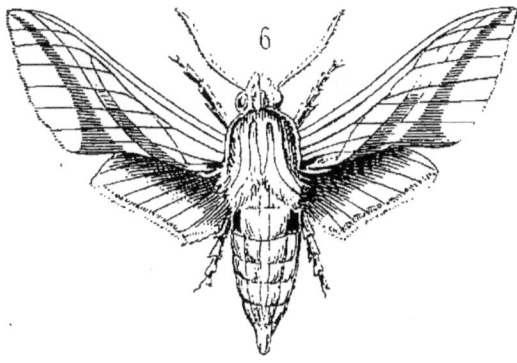

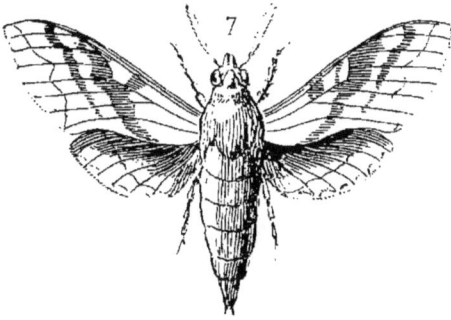

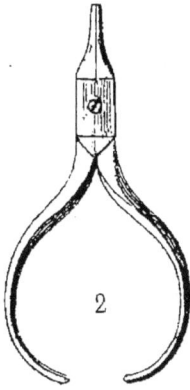

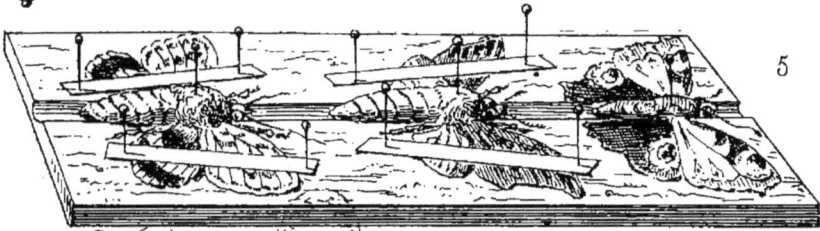

J. BLONDEAU LITH.

Img. Lemercier Paris

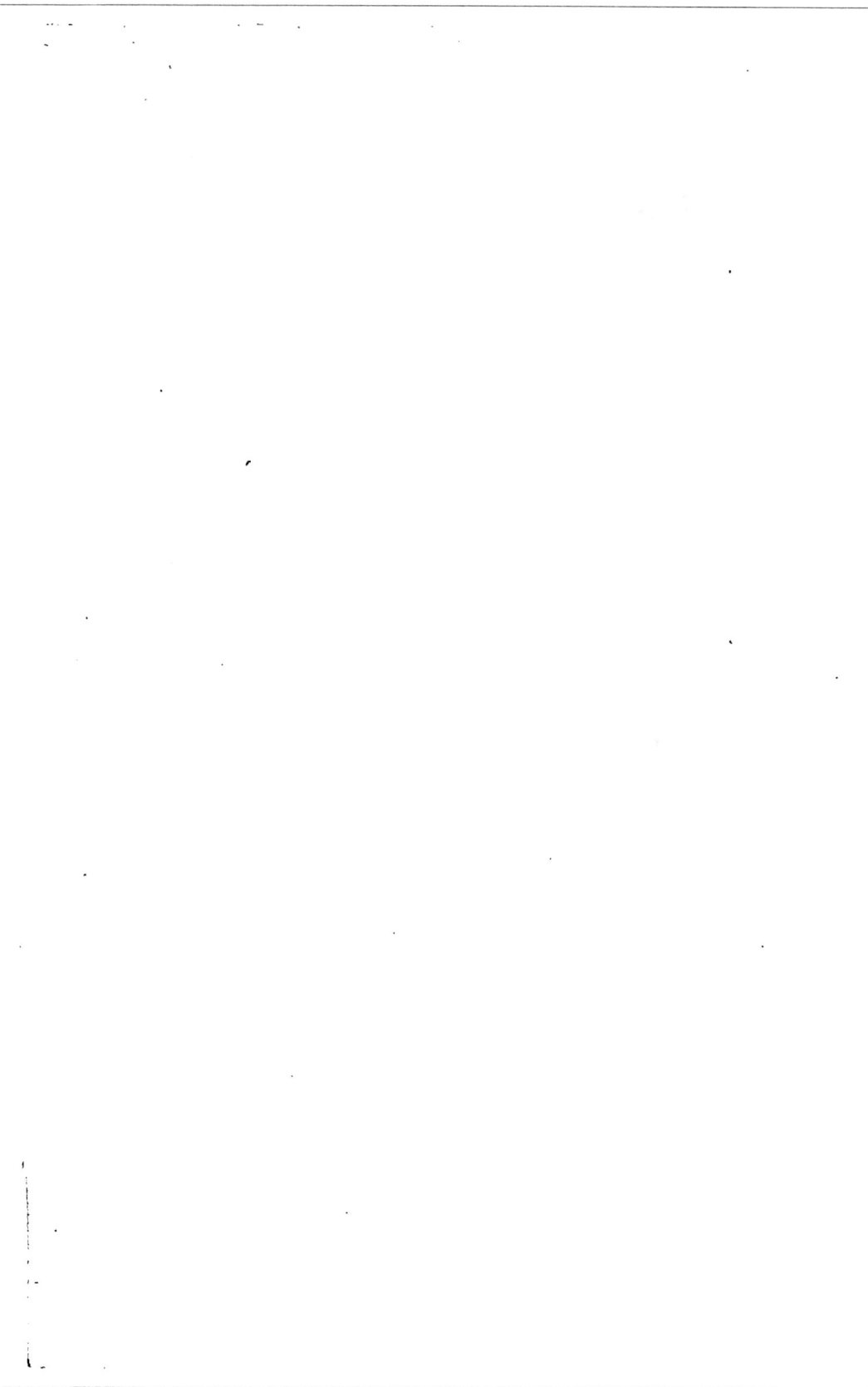

à reconnaître, afin de pouvoir remettre plus tard ces objets dans la même position.

Une fois cette opération terminée, enlevez les deux feuilles de papier posées sur l'épreuve ; plongez dans l'eau claire celle de Hollande, que vous retirez immédiatement et que vous égouttez à l'aide de trois ou quatre doubles feuilles de papier joseph, et appliquez-la sur la feuille à calquer, qui doit lui présenter la face sur laquelle a été tracé au crayon le contour du papillon.

Couvrez alors ces deux feuilles de quatre ou cinq doubles de papier et d'un morceau de carton ordinaire, et chargez le tout d'un poids de 5 à 6 kilogs, ou, si vous le préférez, employez le brunissoir.

Quand vous vous êtes assuré que les lignes au crayon de votre papier à calquer, formant le contour du papillon, sont exactement reproduites sur le papier de Hollande, répandez, avec un pinceau, à l'intérieur de ces lignes, de manière à ne pas les dépasser, une mince couche de vernis à l'esprit de vin n° 1, que vous avez eu soin de faire épaissir sur une assiette plate ou sur un morceau de verre.

Prenez ensuite l'épreuve sur laquelle se trouvent les écailles retournées du papillon que vous voulez transposer, et mettez-la flotter sur un vase rempli d'eau claire, en ayant soin que les plumules ne soient nullement mouillées ; au bout de quelques secondes, nécessaires pour dissoudre la gomme, appliquez ladite épreuve sur le papier de

6

Hollande vernissé, et immédiatement, toutes les écailles, restant attachées sur ce dernier, vous donneront toute la partie supérieure de votre papillon.

Dans la méthode que nous venons d'exposer, il y a une opération assez difficile à exécuter : c'est celle qui consiste à ramollir la gomme sans mouiller les écailles du papillon. Nous avons imaginé un moyen plus expéditif.

Il consiste à verser environ deux litres d'eau bouillante dans un vase quelconque, une soupière par exemple, sur lequel on tend et maintient attaché une gaze ou un tissu assez fin pour livrer un passage facile à la vapeur.

On place sur ce tissu bien uni l'épreuve sur laquelle sont attachées les écailles du papillon à transposer, de manière à ce que le papillon soit à la partie supérieure.

On couvre cette épreuve d'une double feuille de papier joseph, et on pose sur le tout un vase creux, un saladier

Aussitôt la vapeur pénètre les pores du papier et dissout la gomme qui a servi à fixer les ailes du papillon ; au bout de dix minutes, il ne reste plus qu'à ôter le couvercle, à enlever avec précaution le papier joseph en évitant toute espèce de frottement, à placer l'épreuve sur un morceau de carton garni de plusieurs feuilles de papier à dessécher, et à appliquer sur ce papillon le papier de Hollande vernissé, en observant bien attentivement les points de repaire.

FIN.

# TABLE DES MATIÈRES.

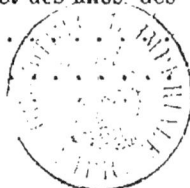

FIN DE LA TABLE DES MATIÈRES

# CATALOGUE

## DE LA

# LIBRAIRIE DESLOGES

4, RUE CROIX-DES-PETITS-CHAMPS, PARIS.

---

*Ajouter 20 c.* par fr. pour recevoir *franco* par la poste. (AFFR.)

---

## BIBLIOTHÈQUE MORALE.

—

**Manuel du Savoir-Vivre**, ou l'Art de se conduire selon les convenances et les usages du monde, dans toutes les circonstances de la vie et dans les diverses régions de la société. 1 joli vol. 1 fr.

**Nouvelle Encyclopédie de la Jeunesse**, publiée sous la direction de M. l'abbé Denys, curé de Saint-Éloi de Paris, par Th. Midy. 1 vol. gr. in-12.                                       1 fr. 50

**Le Bonheur dans la Famille**, ou l'Art d'être heureux dans toutes les circonstances de la vie, suivi de Traités d'utilité et d'agrément, avec planches d'études. 1 joli vol. in-18, par V. Maquel.
                                                                                              1 fr.

**L'Ésope chrétien**, fables philosophiques, morales et religieuses, par L. Tremblay. 1 vol. format Charpentier.                   2 fr.

**Les Pensionnats de jeunes Filles**, par Marie Sincère. 1 vol. in-12.                                                                                   1 fr.

**Devoirs des Enfants et des jeunes Gens**, par P. Vattier. 1 vol. grand in-12.                                                                 1 fr.

**La Science de M. le Curé,** cours élémentaire de Morale, de Religion, d'Histoire, et moyens propres à faire rentrer dans le sein de l'Église les cœurs les plus pervertis. 1 vol. grand in-32. 50 c.

**Le Trésor de la Jeunesse,** instruction pour remplir ses devoirs envers Dieu, la société; moyen de faire honorablement son chemin dans le monde. 1 vol. in-18, broché. 40 c.
— Cartonné. 50 c.

**Chemin de la Croix,** suivi des Trois Heures de l'Agonie de N.-S. J.-C., précédé d'une Introduction, par Mgr Giraud, archevêque de Cambrai. 1 joli vol. illustré. 1 fr.

---

## BIBLIOTHÈQUE ARTISTIQUE.

—

**Peinture sur porcelaine,** verre, émail, stores, écrans, marbre, par C. Lefebvre. 1 vol. in-8. 1 fr.

**A B C du Dessin et de la Perspective,** orné de 8 planches d'études graduées. 1 fr.

**La Miniature.** 1 vol. avec planche. 1 fr.

**Le Paysage et l'Ornement.** 1 vol. in-8, orné de planches d'étude. 1 fr.

**Le Pastel,** par Goupil, élève d'Horace Vernet. 1 vol. in-8, avec planche. 1 fr.

**Le Dessin expliqué,** mis à la portée de toutes les intelligences 1 vol. in-8, orné de 30 sujets d'étude. 1 fr.

**La Peinture à l'huile,** par Goupil, élève d'Horace Vernet, suivi d'un Traité de la restauration des tableaux. 1 vol. in-8. 1 fr.

**L'Aquarelle et le Lavis,** par Goupil, élève d'Horace Vernet
1 vol. in-8, avec planche. 1 fr.

**Le Modelage.** 1 vol. in-8, orné de planches d'étude. 1 fr.

**La Photographie pour tous.** 1 vol. in-8. 1 fr.

**Guide du Peintre-Coloriste,** comprenant le coloris des gravures, litographies, vues sur verre pour stéréoscope; du daguerréotype et la retouche de la photographie à l'aquarelle et à l'huile, par C. Lefebvre. 1 vol. in-8. 1 fr.

**Traité de Vitrau-Manotypie,** ou l'Art de faire soi-même les vitraux factices, etc., par C. Lefebvre. 1 vol. in-8. 1 fr.

**Manuel** artistique et industriel, contenant les Traités de Dessin industriel, de Morphographie, des Ombres, Hachures et Estompes, de Géométrie, etc., avec 22 planches d'étude. 1 fr.

**Traité de Taxidermie,** ou l'Art de mégir, de parcheminer, d'empailler, de monter les peaux de tous les animaux, prendre, préparer et conserver les papillons et autres insectes, précédés des Procédés Gannal; 4e édition. 1 fr.

**Lettres sur la Miniature,** traité par Mansion, élève d'Isabey. 1 vol. de 244 pages. 1 fr.

**Manuel du Tisseur,** contenant les armures et les montages usités pour la fabrication des Tissus, par Lions. 1 vol. in-8, avec pl.
2 fr. 50

**Recueil d'Encadrements** et de Titres, dessinés par Langlade. Album oblong. In-8. 1 fr.

**Le Mécanicien-Constructeur** de machines à vapeur, ouvrage utile aux Constructeurs, Inventeurs, Ouvriers mécaniciens, Fumistes, Industriels, Dessinateurs, etc., par P.-Ch. Joubert, auteur de plusieurs ouvrages scientifiques. 1 fr.

**Peinture litochromique,** ou Imitation sur toile, et l'art de donner aux objets dessinés au crayon, à l'estompe, aux litographies, gravures, etc., l'apparence d'une jolie peinture à l'huile; suivie des Procédés pour peindre et décalquer sur le bois et les écrans, et d'obtenir, avec un petit nombre de couleurs, toutes espèces de nuances. 5e édition.                                                                                         75 c.

**Peinture orientale,** ou l'Art de peindre sur papier, mousseline, velours, bois, etc., et de décalquer sur verre. 3e édition, gr. in-18.
                                                                                        75 c.

**Annuaire de la Photographie,** résumé des procédés les meilleurs pour la plaque métallique, le papier sec et humide, la glace albuminée ou collodionée, la gravure héliographique, la lithophotographie, le cliché typographique, le stéréoscope, l'amplification des images, avec l'indication des instruments nouveaux et la nomenclature des traités spéciaux sur chacune de ces différentes matières, par J.-B. Delestre. 1 vol. in-8.                                                    4 fr.

**Photographie-ivoire,** ou l'art de faire des miniatures sans savoir ni peindre ni dessiner, par Pinot. 1 vol. in-8.                              4 fr.

**Études des passions** appliquées aux beaux-arts, etc. 1 vol. in-8. par Delestre.                                                                         3 fr. 50

**Recueil d'Anatomie** portatif à l'usage des artistes, par Hippolyte Poquet. 1 vol.                                                                       5 fr.

**Quatre Manuels artistiques et industriels,** mis à la portée de tout le monde: le 1er vol., contenant les 20 traités suivants : de Géométrie, de Perspective, de Miniature, de Pastel, de Dessins en cheveux, de Peinture à l'huile, de Moulage et de Coulage sur p'âtre, Bronze et Nature, de Sculpture sur bois, pierre, marbre et albâtre, de Gravure en taille-douce, à l'eau forte et sur bois, de la Fonte, du Fer, de l'Art nautique sur les rivières, côtes et bassins, des Poids et Mesures; suivis d'articles des plus utiles, par M. Thénot, professeur de perspective. 1 vol. in-18, avec planches, contenant la matière d'un in-8. Les 3 autres vol. in-18 complètent une encyclopédie variée : ils se vendent 1 fr. chaque, et 4 fr. les 4 vol.

---

## BIBLIOTHÈQUE A 50 c. le volume.

—

**Manuel** de la Peinture sans maître, à l'aquarelle, à la gouache, sur verre, orientale, etc.
— de la Sculpture, du Mouleur, etc., sans maître, avec planches d'étude.
— de Perspective et de Géométrie.
— de la bonne Société, ou l'art du bon Ton, de l'Élégance et de la Politesse.
— Notions sur les empoisonnements et sur les secours à donner aux empoisonnés.
— du Pianiste et du Plain-Champ.
— du Musicien et du Chant.
— de la Broderie, du Crochet et du Filet, suivi des meilleurs moyens pour faire ses robes, de maximes choisies et de miscellanées.
— du Tricot à l'aiguille, au cadre, à la baguette, au clou, au crochet, etc.
— de la parfaite Couturière, avec planches et patrons.
— de la Lingère, avec planches et patrons.
— de la Blanchisseuse en tous genres.
— de la Toilette, guide des dames et des demoiselles, avec recettes utiles.

—    du Médecin et du Pharmacien, formules et recettes utiles.

—    des Tableaux de l'Histoire littéraire universelle.

—    de la Glacière et du Confiseur.

—    de la Culture des fleurs.

—    du Jardinier.

—    Guide des Mères de famille.

—    des Jeux d'Enfants.

—    sur le choix d'une Carrière.

—    Livres des saintes Patronnes.

—    du Pâtissier.

—    Abrégé d'Arithmétique.

—    du parfait Domestique.

—    Le parfait Pêcheur à la ligne, suivi d'un Traité de Pisciculture.

—    de l'Oiseleur, ou l'Art de prendre, d'élever, d'instruire les oiseaux en volière, en cage ou en liberté, de les préserver et guérir de toutes maladies, etc. — Un volume illustré de 21 planches d'oiseaux et de piéges.

—    Le Trésor des recettes utiles et de Gastronomie. 1 vol.

## BIBLIOTHÈQUE COMMERCIALE.

—

**L'Inventaire perpétuel,** tenue des livres en partie double par une méthode qui tout à la fois dispense les négociants de faire chaque année leur inventaire, et leur offre tous les jours, en une seule ligne, le tableau synoptique de leur position ; contenant toutes les opérations d'une maison de commerce, tant sur les livres spéciaux que sur les livres auxiliaires, avec la solution des difficultés qui se rencontrent habituellement dans la pratique ; un traité de calcul des intérêts, et un abrégé des changes étrangers ; suivi du *Journal des petits commerçants* ; autre méthode abrégée, au moyen de laquelle on peut tenir des écritures régulières, en n'employant qu'un seul livre qui remplace tous les autres ; par J. Queulin, professeur de comptabilité commerciale. 1 vol. in-8. Au lieu de 6 fr.      3 fr.

**Table polyophélique**, ou Nouvelle Méthode pour résoudre instantanément tous les calculs usités en affaires, reconnu comme un progrès dans la science des nombres, par Martin de V.     50 c.

**Tenue des livres**, nouveau système, au moyen duquel tout commerçant peut en un quart d'heure connaître sa situation commerciale sans faire d'inventaire ; opérations de bourse, etc., par Milton. 1 vol. in-8.     2 fr.

**Manuel du Commerçant.** Tenue des livres en tous genres, apprise sans maître.     1 fr.

**Le prompt Compteur** des Intérêts pour toutes les sommes, tous les taux et toutes les échéances.     25 c.

**Petit Calculateur** commercial. 1 vol. in-18.     1 fr.

**Tarif** pour le cubage des bois. 1 vol. in-12.     1 fr.

**Tables décimales**, ou comptes résolus. 1 fort vol. in-8.     4 fr.

---

# BIBLIOTHÈQUE LITTÉRAIRE.

—

**La Bretagne**, époques historiques. 1 vol. in-8.     2 fr.
**Zélie.** Histoire de mon amour pour elle. 1 vol, in-8. Au lieu de 7 fr. 50.     3 fr.

**Nouveau système** de conscription militaire. 1 vol. in-8.   75 c.

**Louise.** Episode, par Victor Barbier. 1 vol. in-18.   60 c.

**Les nouveaux Mystères** de Paris. 1 vol. in-18.   50 c.

**Eugène Sue** à la recherche des horreurs sociales.   1 fr.

**Riccardi, Dolorès et Clara,** épisodes historiques de la guerre d'Espagne (1823), par le colonel Marnier. 1 vol. format Charpentier.   1 fr. 50

**Souvenirs historiques et anecdotiques :** Genève, la vallée de l'Arve, la grotte de Balme, les deux Princes et le Bourreau, la vallée de Chamouny, Fribourg, l'Orgue, les Ponts, les Lacs Hyères, Boïeldieu, de Talleyrand, le maréchal de Saint-Cyr, le prince de Dietrieschein, Talberg, Toulon, conquête d'Alger, siége de Toulon (1793), le général Dugommier, Bonaparte, la Vendée, Rossignol, Carrier, les généraux Kléber, Marceau, Grouchy, Hoche, Biron, etc., par le colonel Marnier. 1 vol. format Charpentier.   1 fr. 50

**Le Duel du Curé,** charmante nouvelle tirée d'une épisode de 1848.   1 fr.

**Fleur de Mai,** par Harriet Stowe, auteur de *l'Oncle Tom.* 1 vol. gr. in-8.   75 c.

**Études hygiéniques** sur la santé, la beauté et le bonheur des Femmes. Hygiène du cœur, de l'âme et du corps, pendant la jeunesse, l'âge critique, la vieillesse, le célibat, le mariage et les maladies. Guide pour le choix spécial à chaque tempérament, de la nourriture, de l'habitation, des vêtemens, des bains et des professions. **100 secrets** de toilette pour entretenir ou rétablir la beauté de la peau, des cheveux, des dents, des pieds et des mains. etc.; par V.-R. Maquel, docteur-médecin de la Faculté de Paris. Un joli vol. 2ᵉ édition.   1 fr.

**Guide des Baigneurs aux eaux,** envisagé au point de vue

historique et hygiénique; emploi raisonné de bains chauds, tièdes et froids; des eaux minérales naturelles et artificielles, les précautions à prendre avant, pendant et après leur usage, par Renaud. 40 c.

**Le Nouveau Décaméron des Jolies Femmes,** par Marc Constantin. 50 c.

**Plus de Fraude!** Les Falsificateurs dévoilés, ou l'art de reconnaître, par des procédés simples, infaillibles, et sans le secours de la chimie, les altérations et les falsifications de toutes les substances alimentaires, solides et liquides, et de les rétablir dans leur état primitif. 1 vol. 1 fr.

**La Clef des Participes,** ou règles pour résoudre les difficultés qui se rencontrent dans cette partie d'oraison, précédée d'un nouvel abrégé de grammaire, par M. Auvray, inspecteur de l'Université. 50 c.

**Perfectionnement** de l'espèce humaine, des animaux et des végétaux. 1 vol. in-8. 2 fr.

Paris. — Imp. de Pommeret et Moreau, 42, rue Vavin.

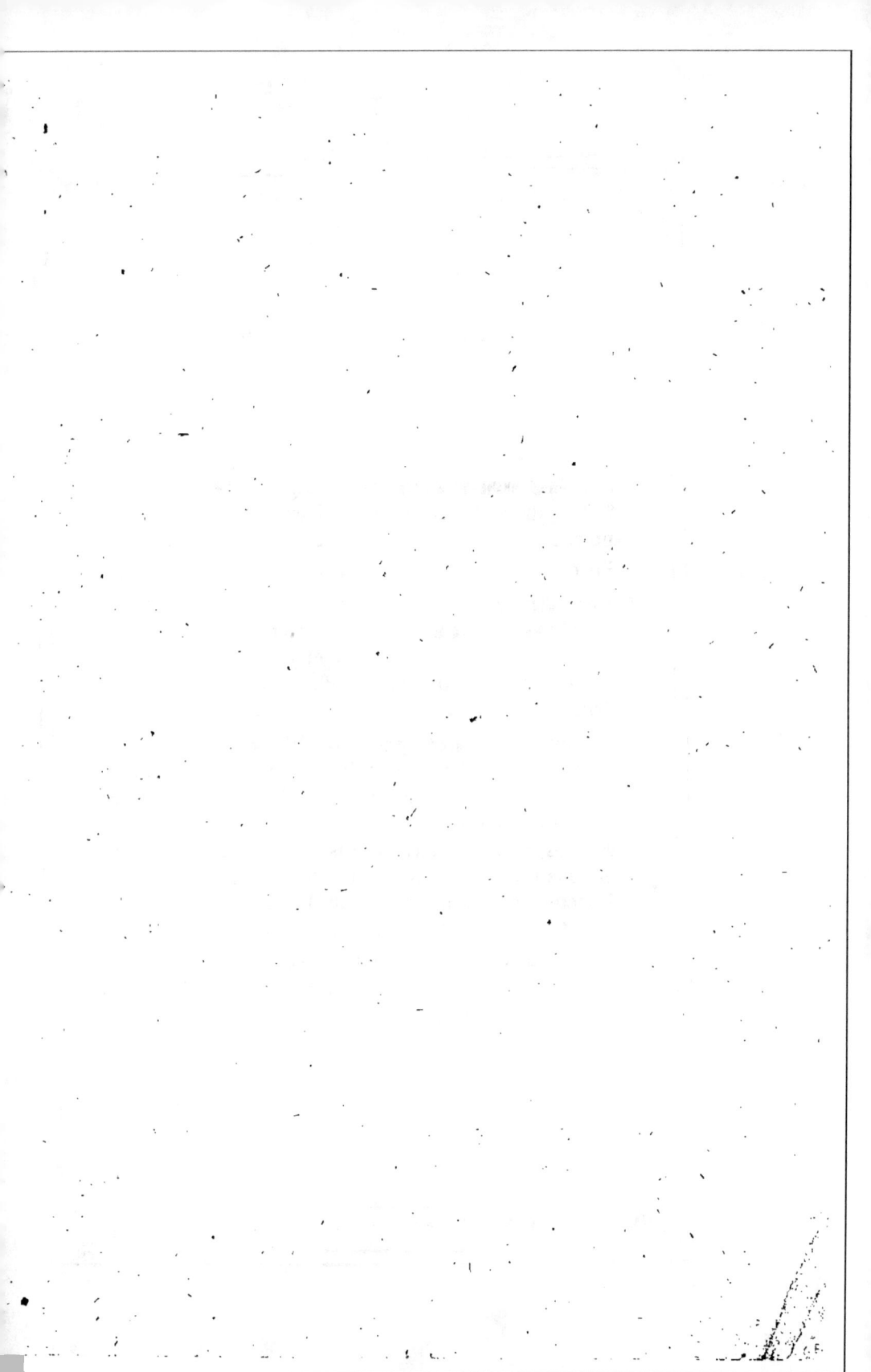

# A LA MÊME LIBRAIRIE

**Histoire naturelle des Papillons,** ornée de 210 figures. 1 vol. format Charpentier. — Prix, en noir. . . . . . . . . . . . . . . . . . . . . 5 fr.
En couleur. . . . . . . . . . . . . . . . . 9 fr.

**L'Art de préparer les Plantes marines et d'eau douce** pour les conserver dans les collections d'histoire naturelle, et en former de charmants albums pour leur étude. 1 volume in-18. — Prix. . . . . . . . . . . . . . . . . . 1 fr.

**Genera des Coléoptères d'Europe,** comprenant leur classification en familles naturelles, la description de tous les genres, des Tableaux synoptiques destinés à faciliter l'étude, le Catalogue de toutes les espèces, de nombreux dessins au trait de caractères, et plus de 1,300 types représentant un ou plusieurs insectes de chaque genre, par M. Camille Jaquelin du Val. 1 vol. — Prix. . . . . . . . . . . . . 60 fr.

**La Chasse au chien d'arrêt, Gibier à plumes,** par M. Chenu. 1 vol. illustré de 89 belles planches. — Prix. . . . . . . . . . . . . 6 fr.

LAGNY. — Typographie de A. VARIGAULT et Cie

www.ingramcontent.com/pod-product-compliance
Lightning Source LLC
Chambersburg PA
CBHW071912200326
41519CB00016B/4582